AF455106

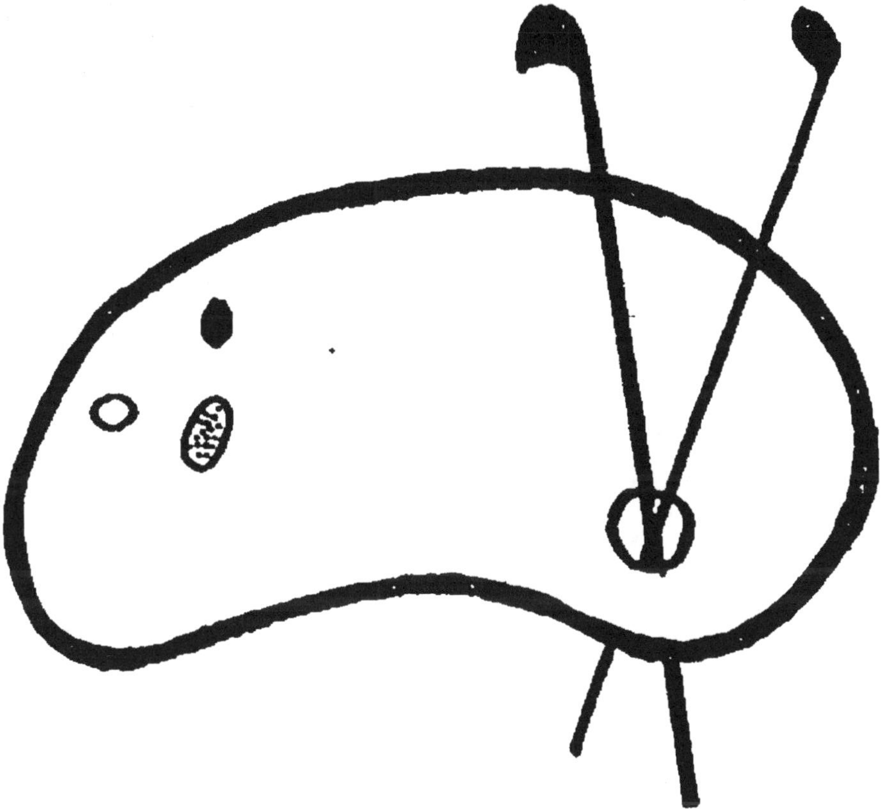

GUIDES JOANNE

TUNIS

et ses environs

HACHETTE & Cie

Prix : 1 franc

CONTREXÉVILLE
DIURÉTIQUE, LAXATIVE, DIGESTIVE
à jeun
et aux repas
ABSOLUMENT INDIQUÉE
Régime des
GOUTTEUX
GRAVELEUX, ARTHRITIQUES
SOURCE DU PAVILLON

Avis aux Lecteurs

Ces feuillets sont destinés à recevoir les observations ou corrections que chacun peut recueillir en cours de route. Prière de les adresser à M. JOANNE (librairie Hachette, boulevd St-Germain, 79, Paris); celui-ci les recevra avec reconnaissance.

Il en remercie d'avance ses collaborateurs volontaires.

TUNIS

RENSEIGNEMENTS PRATIQUES

Arrivée : — omnibus des hôtels, voitures de place, trams électriques à proximité des deux gares et du port, porteurs (munis de plaques numérotées).

Hôtels : — *Tunisia Palace Hôtel*, appartenant à la Cie *des Stations hivernales africaines*, av. de Carthage, attenant au Casino-Théâtre (omnibus 1 fr. 50, ch. dep. 5 fr., pet. déj. 1 fr. 50, déj. 4 fr., vin non compris, dîn. 6 fr., vin non compris, pens. dep. 15 fr.); — *de Paris et Impérial* (J. Audemard), r. Al-Djazira, 15 (omnibus 1 fr., ch. dep. 4 fr., pet. déj. 1 fr. 50, déj. 3 fr. 50, dîn. 4 fr. et 5 fr., pens. de 12 fr. à 16 fr. par j.; bonne cuisine); — *Grand-Hôtel* (Gottlieb), av. de France (omnibus 1 fr., ch. de 3 fr. 50 à 10 fr., pet. déj. 1 fr. 50, déj. 3 fr. 50, dîn. 4 fr., pens. dep. 11 fr. par j.); — *de France* (Février), rue Léon-Roches, 8 (ch. de 3 fr. 50 à 8 fr., pet. déj. 1 fr., déj. 3 fr., dîn. 3 fr. 50); — *Bellevue*, à l'angle de l'av. de France et de la pl. de la Résidence (bien tenu; hôtel meublé; pas de restaurant); — *Gigino* ou *J.-B. Eymon*, r. de l'Église, 1 (ch. 3 fr., pet. déj. 75 c., déj. 2 fr. 50, dîn. 3 fr.); — *Moderne* ou *Maxéville* (Troussi), r. de Constantine, 15; — *Beauséjour*, av. Jules-Ferry; — *de la Résidence*, av. Jules-Ferry; — *Nouvel Hôtel*, à côté de la gare française; — *Tunis-Hôtel* (Giraud), r. d'Italie; — *Saint-Georges* et *Suisse* (au même propriétaire, Waldispul), av. de Paris, à mi-chemin du Belvédère (conviendraient surtout pour séjours).

Restaurants et brasseries-restaurants : — outre ceux des principaux hôtels ci-dessus, les meilleurs restaurants sont ceux (à la carte et à prix fixe) des *brasseries* groupées dans la r. Amilcar, près de l'av. de France : *du Phénix*; *Tantonville*; *Maxéville*; —

café-restaurant du Belvédère (ouv. l'été seulement), dans le parc même, dép. du Casino-Théâtre. — Il y a un assez grand nombre de restaurants modestes parmi lesquels nous signalerons : *Papayanni, Dîner Français* et *Brasserie des Deux-Charentes*, tous trois av. Jules-Ferry; *des Négociants*, r. Amilcar. — Bonne cuisine italienne au *Chianti* (Salvarelli), av. de France.

Cafés : — les plus agréables pour les touristes sont ceux de l'av. de France : *de Tunis* (très bien situé au coin de l'av. de France et de la r. Es-Sadikia; nombreux journaux de France); *de France*; *de Paris*; — *du Casino-Théâtre* (très bien tenu), av. Jules-Ferry, et *du Belvédère*, dans le parc; — *brasseries* indiquées ci-dessus, auxquelles il faut ajouter la *brasserie Tunisienne*, pl. de la Gare-Française.

Cercles : — un *cercle des étrangers*, ouvert sur simple demande aux hiverneurs et aux touristes, est organisé au **Casino-Théâtre**, av. Jules-Ferry. *V.* p. 19.

Postes et télégraphes : — r. d'Italie.

Bains : — *Européens*, r. d'Allemagne, 15; — *Français*, rue de Suisse; — nombreux *bains maures*, notamment : rue des Teinturiers, 64; r. du Bain, 41; impasse du Masseur, 5; bd Bab-Menara, 47; souk El-Grana, 99, etc.

Voitures de place (stations à l'extrémité de l'av. de France, près de la porte, et auprès des deux gares) : — la course, 1 fr. à 1 fr. 60; l'h., 1 fr. 80 à 2 fr. 40; la journée, 15 fr. à 20 fr.; — le périmètre urbain s'étend jusqu'au Bardo et comprend le Belvédère; — il vaut mieux faire prix d'avance.

Tramways électriques (arrêts fixes indiqués par des poteaux) : — 1° *de la Porte de France au port*, toutes les 6 min., 5 c. jusqu'au square Jules-Ferry, 10 c. pour le trajet total; — 2° *de la Porte de France à Bab-Djazira et à la Kasba*, toutes les 5 min., 5 c. jusqu'à Bab-Djazira, 10 c. pour le trajet total; — 3° *de la Porte de France à Bab-Souïka et à la Kasba*, toutes les 5 min., 5 c. jusqu'à Bab-Souïka, 10 c. pour le trajet total; — 4° *de la Porte de France à Bab-el-Khadra* (prolongement prochain jusqu'au Belvédère), toutes les 10 min., 5 c. jusqu'à l'av. de Londres, 10 c. pour le trajet total; — 5° *de la Porte de France aux Abattoirs* (Sidi-bel-Hassen), toutes les 15 min., 5 c. jusqu'à l'Hôtel de Ville, 10 c. jusqu'à Bab-Alleoua, 15 c. pour le trajet total; — 6° *de la rue de Rome* *au Belvédère,* toutes les 15 min. le matin, toutes les 10 min. l'après-midi, 5 c. jusqu'au passage à niveau, 10 c. jusqu'à la rue Lafayette, 15 c. pour le trajet total, 25 c. aller et ret. (en semaine seulement); — 7° *d'Al-Djazira à Bab-bou-Saadoun* (par les deux gares et la Résidence, toutes les 8 min., 4 sections de 5 c. chacune ayant pour terminus la Résidence, le passage à niveau et Bab-Souïka, 15 c. pour le trajet total); — 8° *de Bab-Souïka* (corresp. avec les lignes 3° et 7°) *au Bardo et à la Manouba,* toutes les 15 min. pour le Bardo, toutes les 30 min. pour la Manouba, 15 c. jusqu'au Bardo, 15 c. du Bardo à la Manouba, 30 c. pour le trajet total. — Les voyageurs empruntant deux lignes en contact du réseau urbain paient 15 c. pour 4 sections et 5 c. de suppl. pour chacune des sections en plus.

Autocyclisme : — *Peyrard,* r. de Belgique, près de la gare française, et r. de Portugal, 28 (automob. en location; recommandé); — *Autopalace,* r. d'Autriche prolongée; — autres loueurs-mécaniciens sur l'av. de la Marine, au commencement de l'av. de Paris (garages), dans les r. Saint-Charles et d'Italie; — on peut faire exécuter à Tunis les réparations courantes d'automobiles.

Libraires et papetiers : — *d'Amico, Saliba* et *Picard,* tous trois av. de France; — *Danguin* et *Finzi,* r. Al-Djazira.

Journaux : — *La Dépêche tunisienne* (quotid.); — *La Tunisie française* (quotid.); — *L'Unione* (quotid.; franç. et ital.), etc.

Curiosités arabes (ne pas craindre de marchander en rabattant beaucoup; on aura généralement avantage à ne pas recourir à l'intermédiaire des guides attachés aux hôtels) : — *Boccara frères,* souk des Femmes, 35 (semble le meilleur; on a chance d'y rencontrer des objets de provenance locale authentique); — *Ahmed Djamal,* souk El-Attarin, av. de France et r. d'Autriche (objets courants, pour la plupart de provenance orientale); — *Barbouchi,* souk des Etoffes et souk El-Trouk (mêmes articles); — *Mebazaa,* souk de la Laine, 31 (mêmes articles); — *Bahroun,* souk El-Leffa; — *Mokhtar Limam,* r. de l'Eglise, 41; — *Pohoomull,* r. de l'Église, 12, et souk El-Trouk, 48.

Photographie : — *Soler, Marichal* (anc. *Garrigues*), *Valenza* et *Gobillot,* av. de France; *Chercuitte,* r. Al-Djazira; *Deconcloit,* r. d'Allemagne, 4 (photographes); — pour les fournit. photogr., V. *Bazars.*

Bazars, articles de voyages : — *Magasin général (Bortoli frères)*, av. de France, 22 (très bien assorti); — *Galeries parisiennes*, av. de France, 7; — *Orosdi-Back*, r. Es-Sadikia, 13; — ces maisons, spécialement la première, possèdent à peu près tous les articles dont pourront avoir besoin les touristes, compris les nouveautés et vêtements ainsi que les fournitures photographiques et cyclistes.

Fruits et primeurs (colis postaux) : — *L. Audemard*, r. de Suède, 9, près l'hôtel de Paris; — *Cie tunisienne d'alimentation*, r. d'Espagne, 14, près du marché.

Banques : — *Banque d'Algérie*, r. d'Italie; — *Comptoir national d'Escompte*, av. de France, 10; — *Compagnie algérienne*, r. de Bône; — *Crédit foncier d'Algérie*, r. Es-Sadikia, 10; — *de Tunisie et Transatlantique*, r. Es-Sadikia, 3.

Théâtres : — *Municipal*, au Casino, av. Jules-Ferry (fauteuils d'orchestre, 3 fr. 50, de balcon 3 fr. 50 et 4 fr. 50, loges de 4 pl. 16 fr., de 6 pl. 22 fr. 50, de 8 pl. 28 fr.); — *Rossini* (représentations en français et en italien), av. Jules-Ferry.

Cafés-concerts : — en hiver, représentations dans le hall du Casino (entrée par l'av. de Carthage); en été des représentations genre café-concert sont données au café-rest. du Belvédère; — *danses indigènes* tous les soirs au café de la pl. Sidi-Baïan.

Sociétés diverses : — *Hôtel des Sociétés françaises*, av. de Paris; — *Comité d'hivernage* (intermit.), av. de Paris, 7, et *Comité des fêtes* (s'inf. au Contrôle civil); — *Club alpin français* (section de création récente); — *Touring club* (délégué général M. Pauthier, professeur au lycée Carnot); — *Photo-cercle*, r. d'Allemagne, 4; — *Institut de Carthage* (Revue tunisienne).

TUNIS ET SES ENVIRONS

VOIES D'ACCÈS

A. PAR MER

Tunis est relié par des services maritimes réguliers à la France et à l'Italie. — Les prix indiqués ci-dessous doivent être majorés des droits de port, qui sont de 4 fr. par personne en 1re cl., de 3 fr. en 2e cl., de 1 fr. 50 en 3e ou en 4e cl. — Les indications d'heures et de prix sont celles des services en cours lors de l'impression; ces heures et ces prix étant sujets à varier, on ne manquera pas d'en contrôler l'exactitude à l'aide des *Indicateurs* les plus récents.

1° **France.** — La **Cie générale Transatlantique** a deux serv. par sem. dans chaque sens, entre Marseille et Tunis, l'un direct (dép. de Marseille les lundis à midi, dép. de Tunis les vendr. à 8 h. s. : traversée en 30 à 35 h. ; 110 fr. ; 75 fr. ; 32 fr. et 22 fr.), l'autre par Bizerte (dép. de Marseille les vendr. à midi, dép. de Tunis les mercr. à midi 30; traversée de ou jusqu'à Bizerte, que des trains directs en corresp. avec les bateaux relient à Tunis, en 30 à 33 h. ; 100 fr., 70 fr., 32 fr. et 22 fr.).

La **Cie de Navigation mixte** (Touache) a également deux serv. par sem., l'un toujours direct, l'autre alternativement direct ou par Bizerte (dép. de Marseille les mercredis à 1 h. s. et les samedis à 7 h. s., dép. de Tunis les lundis à 2 h. s. et les jeudis à midi ; traversée en 35 à 40 h. ; 75 ou 80 fr., 50 f., 25 fr. et 12 fr.).

Pour les services notablement plus économiques de la **Cie Franco-tunisienne de navigation** (50 fr. et 11 fr. 50), s'informer à Marseille, rue de la République, 7.

Enfin, la **Cie des Transports maritimes Est-Tunisien** (Normant) doit organiser prochainement un service bi-mensuel de Tunis à Nice et à Marseille, alternativement par Ajaccio ou par Bastia (s'informer).

On délivre, au départ de Paris, de Lyon et de Londres, ou *vice versâ* au départ de Tunis, des billets directs entre ces villes et Tunis valables 15 j., avec arrêts facultatifs sur le parcours.

Billets maritimes d'aller et retour, valables 3 mois avec réduction de 10 p. 100. — Les billets circulaires nos 61 et 61 A peuvent être utilisés comme billets d'aller et retour de Paris (prolongeables jusqu'à Londres ou à Bruxelles) ; ils sont valables 90 jours et susceptibles d'être prolongés d'autant : 310 fr. en 1re cl. et 225 fr. en 2e cl. (*Cie Transatlantique*) ou 260 fr. et 185 fr. (*Navigation mixte*).

2° **Italie.** — Il y a trois serv. hebdomadaires entre la Sicile et Tunis :

A. **Navigazione generale italiana** (Florio e Rubattino) : de Palerme à Tunis, avec escale à Trapani : dép. de Palerme les mardis à 1 h. s., et de Trapani à 8 h. s., arriv. à Tunis les mercr. à 6 h. mat., dép. de Tunis les merc. à 9 h. s., et de Trapani les jeudis à 9 h. mat., arriv. à Palerme à 1 h. s. (heure de l'Europe centrale, en retard de 1 h. env. sur celle de Tunis) ; 60 fr. et 40 fr. (nourriture comprise).

B. Cie de Navigation mixte (Touache) : de Palerme à Tunis directement ; dép. de Palerme les mercr. à midi, dép. de Tunis les mardis à midi ; traversée en 15 h. ; 60 fr., 40 fr., 30 fr. et 18 fr. 50.

Ces deux services sont en correspondance avec le serv. (quotidien) Palerme-Naples ; dép. de Palerme et de Naples à 7 h. 30 s., arriv. à Palerme et à Naples à 6 h. 30 ou à 7 h. 30 mat.

On délivre des billets directs Naples-Tunis et Tunis-Naples pour 93 fr. et 62 fr. 50 (nourriture comprise), dont les porteurs ont la faculté d'utiliser indifféremment le serv. de la Navigation générale italienne ou celui de la Cie de Navigation mixte.

C. Navigazione generale italiana : de Palerme à Tunis et à Bizerte, avec escales à Trapani, la Favignana, Marsala et Pantellaria ; dép. de Palerme les mercr. à 10 h. mat. et de Trapani les jeudis à 5 h. mat., arrivée à Tunis les vendr. à 4 h. 30 mat. et à Bizerte à 5 h. s. ; dép. de Bizerte les vendr. à minuit et de Tunis les sam. à 6 h. s., arrivée à Trapani les dim. à 7 h. s. et à Palerme les lundis à 6 h. 30 mat. (heure de l'Europe centrale).

Il y a encore un serv. hebdomad. de la Navigazione generale italiana entre Gênes et Tunis, par la Sardaigne : de Gênes à Tunis, avec escales à Livourne et à Cagliari ; dép. de Gênes, les vendr. à 9 h. s., de Livourne les sam. à minuit, de Cagliari les lundis à 7 h. s., arrivée à Tunis les mardis à 11 h. 30 mat. ; dép. de Tunis les lundis à 1 h. s., arriv. à Cagliari les mardis à 5 h. 30 mat., à Livourne les mercr. à minuit, à Gênes les jeudis à 6 h. s. (heure de l'Europe centrale). Prix, non compris la nourrit. : de Gênes, 80 fr. et 60 fr. ; de Livourne, 75 fr. et 55 fr. ; de Cagliari, 43 fr. et 28 fr.

B. PAR TERRE

Une ligne ferrée, exploitée par la *Cie Bône-Guelma*, conduit d'Algérie à Tunis. Il faut : — 1° 10 h. 30 env. de Bône à Tunis, 355 k. ; 39 fr. 75, 30 fr. 20, 21 fr. 30 ; wagon-restaurant ; — 2° 14 h ; de Constantine ; 465 k. ; 52 fr. 10, 39 fr. 50, 27 fr. 95 ; wagon-restaurant ; — 3° 28 h. env. d'Alger par Constantine ; 929 k. ; 104 fr. 05. 78 fr. 50, 56 fr. 55 ; wagon-lits trois fois par sem.

Une seule route empierrée permet, en l'état actuel des réseaux routiers algéro-tunisiens, d'accéder de l'Algérie à Tunis ; son tracé, depuis Constantine, est jalonné par Bône, La Calle, Tabarca, Béja, Medjez-el-Bab (310 k. de Bône et 486 k. de Constantine).

Porte de France. — Cliché de M. J. Valensi.

TUNIS

Gares : — *Gare Française* ou *du Sud* (lignes d'Algérie, de Bizerte, de Sousse et de Kairouan, de Zaghouan, du Mornag, du Kef), sur la r. Es-Sadikia ; — *Gare italienne* ou *du Nord* (ligne de la Goulette, de Carthage et de la Marsa), sur la r. de Rome.

Compagnies de navigation : — L'embarquement et le débarquement se font à quai. — Les bureaux de la *Cie générale Transatlantique* sont r. Es-Sadikia, 3; ceux de la *Cie Touache*, rue d'Alger, 8 ; ceux de la *Navigazione generale italiana*, r. de Hollande, 5 ; ceux de la *Cie Franco-tunisienne* et des *Transports maritimes Est-Tunisien*, r. d'Alger, 6.

Tunis, capit. de la Tunisie, pays d'env. 1 500 000 à 1 800 000 hab. et de 100 000 k. carrés, gouverné par un bey sous le protectorat de la France, et la ville la plus importante par le chiffre de sa population des possessions françaises du Nord de l'Afrique, résidence du Ministre de France, résident général, et des chefs des services qui constituent le gouvernement du protectorat, est situé par

36°47'39" de lat. N. et 7°51' de long. E., sur la rive O. de la lagune ou lac qui porte son nom, à 10 k. env. de la mer.

Sa population est évaluée à 175,000 hab., dont 9,600 Français, 30,000 étrangers, pour la plupart Italiens ou Maltais, 40,000 israélites et le surplus indigènes musulmans.

A Tunis, deux villes se trouvent juxtaposées sans se confondre: la *vieille ville indigène*, qui s'étale au flanc de collines à pentes douces, à quelque distance du lac; la *nouvelle ville européenne*, qui se développe en damier dans des terrains plats et bas entre l'ancien Tunis et le lac. — La vieille ville elle-même comprend trois parties très distinctes : *Medina* ou *la cité*, au centre, qui représente l'agglomération primitive, dont quelques portes encore debout rappellent l'enceinte de forme à peu près ovale, remplacée maintenant par une ceinture de rues et de boulevards; le *rebat* ou *faubourg Bab-Souïka* au N.; le *rebat* ou *faubourg Bab-Djazira* au S. — A l'O. de Medina, sur la crête de la colline, s'élève la *Kasba*, à laquelle se rattache des deux côtés une vaste enceinte extérieure enveloppant les deux faubourgs sur les trois faces de l'O., du N. et du S., mais s'interrompant sur la face E. au droit de la ville européenne. — Medina mesure env. 1,400 m. du N. au S. sur 600 m. de l'E. à l'O., et l'ensemble des quartiers indigènes près de 3 k. sur 1 k. Si l'on y joint la ville européenne, Tunis s'étend sur 5 à 6 k. carrés env., mais une bonne partie de cette superficie n'est pas encore bâtie.

Tunis a une température hivernale un peu moins douce qu'Alger, et le thermomètre s'y abaisse parfois au-dessous de 0°; la moyenne du mois le plus froid s'y élève néanmoins à 10°,8, celle de l'hiver entier à 11° et celle du printemps à 15°,8. Les vents y sont parfois violents et désagréables, mais les pluies sont moins fréquentes qu'à Alger. En dépit des bas-fonds marécageux qui bordent les rives du lac, la salubrité ne laisse rien à désirer.

L'heureuse idée qu'a eue l'administration du protectorat de respecter les quartiers indigènes donne à Tunis quelque chose du charme et de l'originalité d'une ville orientale.

Un réseau bien tracé de trams électriques permet de circuler commodément et avec rapidité.

Histoire.

Tunis fut, comme Carthage, fondé par des colons phéniciens et suivit la fortune de cette ville. Ce fut sous les Aglabites, vers la fin du IXe s., que Tunis remplaça Kairouan comme capitale politique du pays. En 1270, la ville fut attaquée sans succès par St Louis, qui mourut dans son camp de Carthage (*V.* p. 32). Conquis par Kheïr-ed-Dine sur un des derniers princes hafsides en 1533, Tunis fut, deux ans plus tard, occupé par Charles-Quint et tomba sous le protectorat espagnol. Tunis fut soustrait à ce protectorat par le beglierbeg d'Alger Euldj-Ali, qui y mit garnison en 1569, puis y fut soumis de nouveau à la suite de l'intervention un instant victorieuse de don Juan d'Autriche en 1573; mais il fut définitivement reconquis par les Turcs dès l'année suivante. Son histoire propre n'offre plus désormais d'autres épisodes saillants qu'une invasion algérienne en 1689 et notre occupation en 1881.

Emploi du temps.

Tunis peut assez aisément se visiter en une journée, bien qu'il soit préférable de lui en consacrer deux. Le matin, on parcourra les Souks et le quartier central de Medina (p. 10), qui renferme les principales mosquées (où l'on ne peut entrer, mais dont les extérieurs sont intéressants) et on visitera le Dar-el-Bey (p. 14); on ira également dans le faubourg de Bab-Souïka, jusqu'à la place Halfaouine (p. 16), et, si l'on a le temps, on poussera, dans celui de Bab-Djazira, jusqu'au château d'eau de Bab-Sidi-Abdallah (p. 17). La ligne circulaire des trams électriques permettra d'accomplir sans perte de temps les trajets qu'on ne voudra pas faire à pied, laissant voir au passage les vieilles portes subsistantes de l'enceinte intérieure, la Kasba, le collège Sadiki, le nouveau Palais de Justice. — L'après-midi, on se promènera dans le quartier européen (p. 17), jetant un coup d'œil à l'Hôtel des Postes, à l'avenue de la Marine et au port (p. 20). Des touristes expéditifs pourront ensuite se rendre d'abord à Sidi-bel-Hassen (p. 22), puis aller achever l'après-midi au Belvédère (p. 21). Ceux qui ne voudront pas faire les deux courses donneront la préférence au Belvédère.

Le soir, les amateurs de danses indigènes se rendront dans un café de la *place Sidi-Baïan*, sur la g. de la rue Bab-Souïka (tram de la porte de France, 5 c.), où des représentations sont données tous les jours (après 8 h.) par des danseuses juives.

Description.

L'avenue de France (Pl. C, 4), artère maîtresse du quartier européen, entre la place de la Résidence, à l'E., au delà de laquelle l'avenue Jules-Ferry ou de la Marine conduit au port, et la Porte de France, à l'O., qui donne accès au cœur de la ville indigène, sera le plus souvent prise comme point de départ par les touristes; sur cette avenue se trouvent les principaux cafés et magasins; les lignes de trams y convergent, tant du côté de la Porte de France (lignes circulaire, du port, de Bab-el-Khadra) que de celui de la place de la Résidence (lignes de Bab-bou-Saadoun, du Belvédère, des Abattoirs), et une station de voitures est établie à son extrémité O.

I. — Quartier de Medina.

Ce quartier, auquel l'administration tunisienne veut, fort judicieusement, conserver toute sa couleur locale, n'est traversé par aucune ligne de tram, mais son pourtour entier est desservi par une ligne circulaire établie le long des voies qui le séparent des faubourgs, dont les deux itinéraires, de l'Avenue de France à la Kasba (10 c. chacun), sont les suivants : à dr., entre Medina et le faubourg de Bab-Souïka, la *rue des Maltais*, la *rue* et la *place Bab-Souïka*, le *boulevard de Bab-Benat*; à g., entre Medina et le faubourg de Bab-Djazira, la rue *Al-Djazira*, l'*avenue de Bab-Djedid*, le *boulevard de Bab-Menara*.

A l'extrémité O. de l'Avenue de France et en face de la station des trams, s'élève la **Porte de France** (Pl. 25; C, 4), que les anciens Tunisiens appelaient *Bab-es-Bahar*, la *porte de la mer*, parce qu'elle donnait passage au chemin du port. C'est une grande baie en arc brisé, qui a conservé ses lourds vantaux, maintenant toujours ouverts.

On la franchit et on débouche sur la petite *place de la Bourse*, généralement très animée, à l'entrée de laquelle se tiennent des changeurs installés en plein vent derrière des tables. — Cette place était, avant le protectorat, le centre du *quartier franc*, où résidaient les Européens et leurs consuls. Le *consulat d'Angleterre* occupe toujours une des maisons de la place (à dr.), et ceux des principales nations sont également restés installés dans les rues adjacentes : *de la Commission* (Russie, Autriche-Hongrie) et *Sidi-el-Bouni* (Espagne), sur la g.; *de l'Ancienne-Douane* (Etats-Unis) et *Zarkoun* (Italie, Allemagne), sur la dr. — C'est dans la rue de l'Ancienne-Douane, au n° 15 (maison *Chapelié*) que se trouve l'ancien *fondouk des Français*, qui fut, avec le n° 5 qui l'avoisine, la résidence du consul de France de la fin du XVIe s. au milieu du XIXe s., jusqu'au transfert du consulat sur l'emplacement de la résidence actuelle (*V.* p. 18). Il est habité par une famille française émigrée à Tunis après la révocation de l'édit de Nantes et a conservé à peu près intact son aspect primitif (visible sur demande).

Sur le côté de la place opposé à la Porte de France s'ouvrent deux rues qui conduisent l'une et l'autre au centre de la ville indigène : à g., la **rue de l'Eglise** ou **Zankat-Mordjani**; à dr., la **rue de la Kasba**, anciennement *Zankat-el-Touila* ou *rue Longue*. On prendra de préférence la première. Pour la rue de la Kasba, qui traverse Medina dans toute sa largeur, *V.* p. 15.

Presque à l'entrée de la rue de l'Eglise, à g., se trouve la modeste *église Sainte-Croix* (Pl. 6; C, 4), qui lui a donné son nom. Elle est installée dans des constructions indigènes, tant bien que mal aménagées en vue de leur nouvelle destination; dans le presbytère attenant sont conservées deux inscriptions chrétiennes provenant de la Mohammedia (p. 47), où se lisent les noms de trois évêques et d'un sous-diacre de l'ancienne église d'Afrique. — Plus loin, à dr., sont les *bureaux de l'administration des biens habous* ou *djemaïa*.

Dans sa partie haute, la rue de l'Eglise s'engage sous une longue voûte, où se trouve l'entrée de la *prison civile*, gardée par un poste de soldats tunisiens.

Au sortir de la voûte, on aperçoit devant soi une élégante *colonnade* qui dépend de la **Grande-Mosquée** (Pl. 2; B, 4), ordinai-

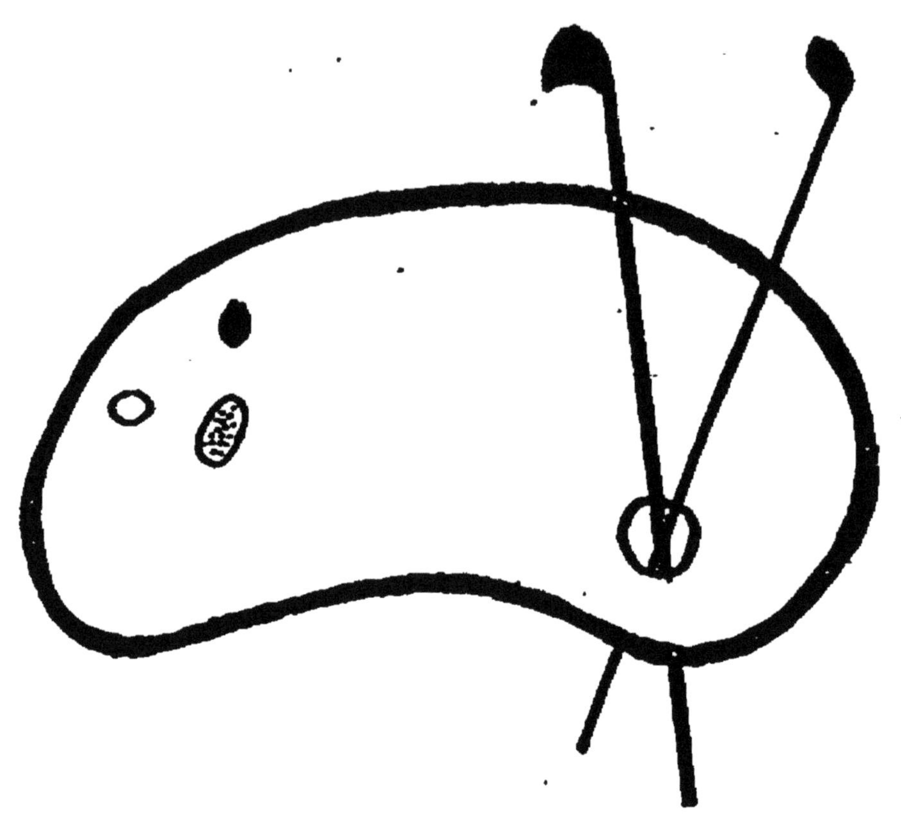

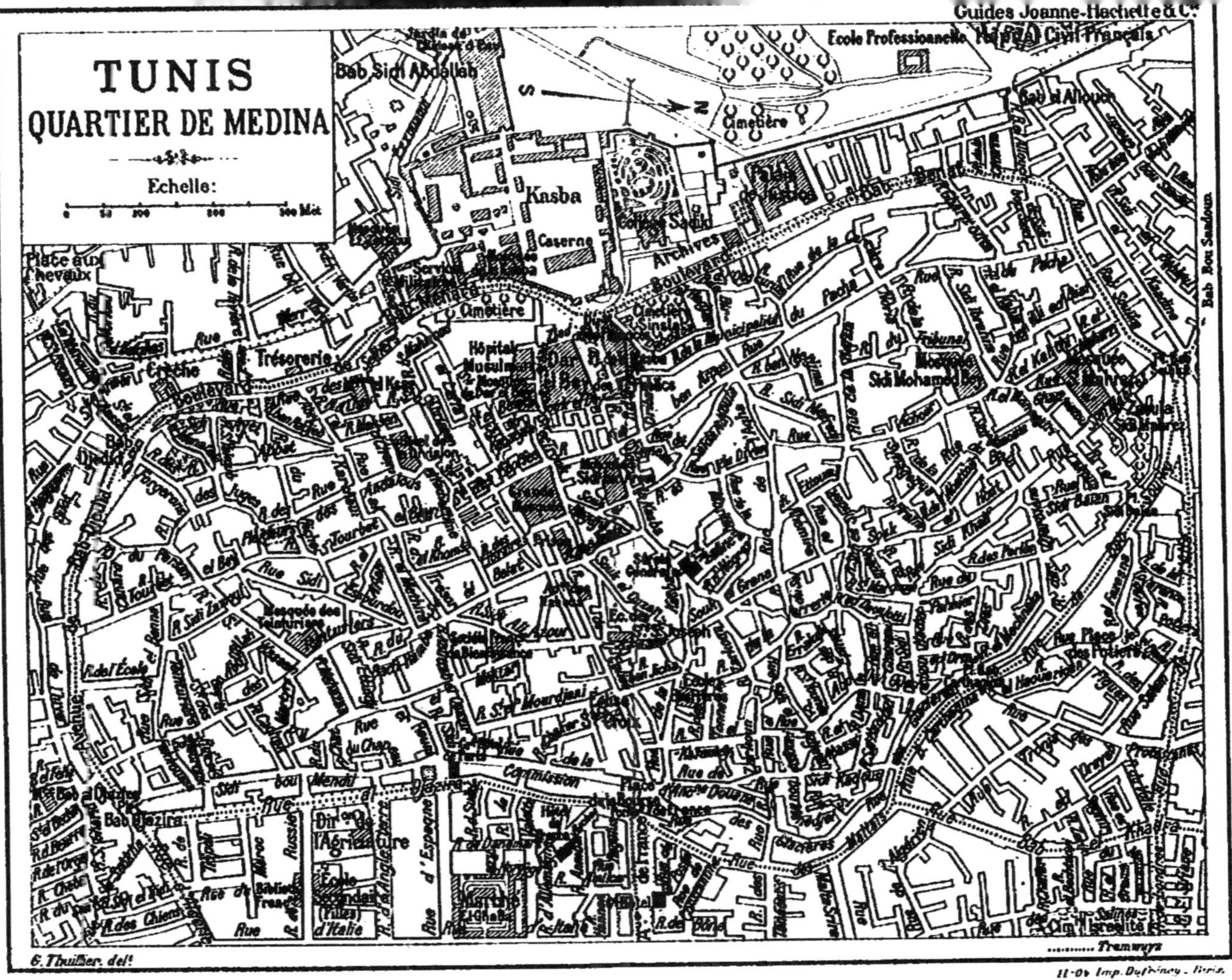

Guides Joanne-Hachette & Cie
TUNIS
QUARTIER DE MEDINA
Echelle:
0 50 200 300 Mèt
Bab Sidi Abdallah
Kasba
Caserne
Archives
Boulevard
Cimetière
Ecole Professionnelle
Bab el Allouch
Bab Bou Saadoun
Hôpital Musulman
Trésorerie
Crèche
Place aux Chevaux
Bab Djedid
Bab Djazira
Commission
Sidi bou Mendil
Rue d'Espagne
Dir^on de l'Agriculture
Rue Sidi Mourdjani
Rue de la Commission
Place de la Bourse
Rue des Maltais
Rue des Glacières
Mosquée des Teinturiers
Rue Sidi Mahrez
Rue du Pacha
Rue de la Municipalité
Rue des Potiers
Bab Souika
Mosquée Sidi Mohamed Bey
Bab Khadra
Cimre Israélite
Tramways
G. Thuillier, delt
11-04 Imp. Dufrénoy - Paris.

Bab-Djedid. — Cliché de M. J. Valensi.

rement appelée par les indigènes **Djama-ez-Zitouna** (mosquée de l'olivier). Ce monument, qui comporte de multiples annexes et dont on appréciera bien l'étendue de la terrasse du Dar-el-Bey (p. 14), occupe une vaste superficie au centre du quartier des souks. La plupart des constructions datent du XIIIe au XVe s.; la salle même de la mosquée est du type classique de celle de Sidi-Okba de Kairouan; fûts de colonnes et chapiteaux byzantins, fragments antiques divers. Outre la colonnade ci-dessus, les touristes devront se contenter d'en admirer l'imposant *minaret* (se voit très bien de la rue Sidi-ben-Ahrous; V. ci-dessous), haut de 44 m. et totalement réédifié en 1894 par deux architectes indigènes qui se sont inspirés de l'ancien, sans le copier exactement.

De la Grande-Mosquée dépend une *université* musulmane importante. Plus de 400 cours, dont 150 consacrés à la seule grammaire, y sont professés par un personnel enseignant qui dépasse la centaine. Pour ceux des étudiants dont les familles n'habitent pas Tunis ont été fondées par de généreux donateurs 22 *médersas*, qui disposent de 450 chambres.

En prenant à dr., on arrive aux **Souks**, série de passages et de rues que bordent des échoppes où sont installés des marchands et des artisans. Ces souks, bien que très inférieurs aux bazars de Constantinople ou du Caire, sont la grande curiosité du Tunis indigène. Ils comportent un grand nombre de petites boutiques s'ouvrant sur des voies généralement couvertes de voûtes ou de toitures en planche; chacun des différents corps de métiers occupe une ou plusieurs rues à l'exclusion des autres. C'est le matin d'assez bonne heure que l'animation est la plus grande et le spectacle le plus original. On recommande tout spécialement les séances de vente à l'encan des étoffes et des bijoux qui ont lieu chaque matin dans le souk des tailleurs et des brodeurs.

Les touristes seront souvent importunés par les rabatteurs des trafiquants d'objets indigènes ou soi-disant tels, anciens et modernes; il sera parfois nécessaire de s'en débarrasser avec quelque rudesse. — Tunis a toujours été et reste encore un centre de fabrication assez actif, notamment pour la bijouterie, la dinanderie, les meubles, les armes, les étoffes et les travaux en cuir; beaucoup de bibelots offerts en vente n'en sont pas moins de provenance orientale et importés d'Egypte, de Syrie, de Turquie ou de Perse. Tout naturellement, il ne faudra point craindre de marchander, les prix étant très surfaits. Pour l'indication des principaux marchands. V. les *Renseignements pratiques*.

Quand on vient de la rue de l'Eglise, le premier souk dans lequel on pénètre est celui *des parfumeurs*, ou *Souk-el-Attarin*. En le remontant, on accède au *souk des tailleurs et des brodeurs*, à g. duquel s'ouvre le *souk des étoffes*, qui est très intéressant. Plus loin, est le *souk des selliers*, fort étendu et qui est peut être le plus attrayant de tous, au point de vue de l'industrie locale; on y verra, au ras du sol, le tombeau d'un marabout enterré en pleine rue.

Souk des selliers. — Cliché de M. J. Valensi.

Casino-Théâtre. — Cliché de M. J. Valensi.

Il ne saurait être question d'énumérer et de décrire tous les souks qui se trouvent aux alentours de la Grande-Mosquée; les touristes auront profit et amusement, non à les visiter méthodiquement, mais à s'y promener quelque peu au hasard, s'arrêtant aux spectacles qui, suivant l'heure et le jour, leur sembleront de nature à retenir leur attention. Les plaques indicatrices ne manquant pas, le plan détaillé leur permettra toujours de ne point s'y égarer, malgré l'apparence inextricable que présente au premier aspect le dédale des rues, des impasses et des passages.

Des deux mosquées voisines de la Grande-Mosquée, celle de **Sidi-Youssef** ou de **Dar-el-Bey** (Pl. 4; B, 5), qu'on appelle aussi la *mosquée du cordonnier*, sur la *rue Sidi-ben-Ziad*, et celle de **Sidi-ben-Ahrous** (Pl. 3; B, 4), sur les rues Sidi-ben-Ahrous et de la Kasba, dépendent de charmants édifices étroitement apparentés, qui sont des pavillons carrés de travail italien (début du XVIIe s.), qu'on voit bien de l'extérieur. Leurs minarets octogonaux (même époque) se ressemblent également beaucoup; l'un et l'autre sont d'une rare élégance et d'un merveilleux effet décoratif.

A proximité de ces mosquées, tout en haut du quartier des souks, se trouvent les vastes bâtiments du **Dar-el-Bey**, la *maison du bey* (Pl. 1; B, 4), dont l'entrée s'ouvre sur le côté S. de la place de la **Kasba**, à l'extrémité de la rue du même nom.

On y peut visiter (modique rétribution au gardien) les *appartements beylicaux*, situés au 1er étage et disposés autour d'une *cour* couverte, d'aspect assez agréable. Leur décoration présente parfois de jolis détails.

La visite commence généralement par la *salle des gardes* (faïences de Kamart), puis se continue par la *salle à manger*, le *salon* (des fenêtres du fond, beau coup d'œil sur Tunis), la *chambre à coucher* et enfin le *salon des ministres*, qui est la plus belle pièce et dont les plafonds, ornés de ces élégants plâtres ouvragés dits *noukch hadida* pour lesquels les ouvriers tunisiens étaient autrefois renommés, sont vraiment intéressants.

On ne manquera pas de faire l'ascension des *terrasses*, d'où l'on jouit d'un panorama superbe. On y a en particulier des vues plongeantes sur le quartier environnant, qui permettent de reconnaître les dispositions des mosquées dont il a été question ci-dessus (surtout celle de Sidi-Youssef).

Le bey tient séance de justice deux fois par semaine au Dar-el-Bey (lundi et jeudi de 8 à 10 h. 30 mat.); les touristes n'y seront pas admis, mais pourront jouir, à l'entrée ou à la sortie, du spectacle de l'escorte beylicale.

Au S. du Dar-el-Bey est situé l'*hôpital Sadiki*, réservé aux sujets tunisiens.

Les côtés E. et N. de la place de la Kasba, dont le centre est occupé par un square, sont bordés de constructions sans caractère affectées à divers services publics. Le côté O. est longé par le boulevard circulaire, au delà duquel s'élève la **Kasba** (Pl. A-B, 4, 5). Ce n'est plus qu'une vaste caserne entièrement reconstruite à neuf sur l'emplacement de l'ancienne citadelle, dont il ne subsiste plus rien.

Sur la g., en bordure du boulevard Bab-Menara, on remarquera

la mosquée de la Kasba, qui date, d'après une inscription en caractères coufiques, du VIIe s. de l'hég. (XIIIe s.); son minaret carré, que de récents travaux viennent de dégager heureusement, est d'un bon style. — La construction à multiples rangées d'arcades qu'on aperçoit un peu plus loin est celle des *Services militaires*. — En prenant à dr., après avoir dépassé les Services militaires, par le *Souk des sacs* et la *rue Sidi-Ezouaoui*, on atteint en quelques minutes le Château d'eau (*V.* p. 17).

Sur la dr., en contre-haut du boulevard Bab-Benat, et dans une situation admirable, a été édifié, en un style pseudo-moresque assez élégant, le *collège Sadiki* (Pl. 7; B, 4), établissement fondé par l'avant-dernier bey Mohammed-es-Sadok et destiné aux jeunes musulmans tunisiens.

A côté s'élève le **Palais de Justice** (Pl. 8; B, 4), construction considérable achevée en 1901, qui a coûté 1,425,000 fr. Sa façade principale sur le boulevard Bab-Benat est monumentale, mais d'aspect un peu lourd. Une galerie que supportent des colonnes accouplées règne au premier étage; ses parois sont garnies de faïences tunisiennes d'un très heureux effet décoratif provenant d'anciens édifices. — A proximité, un quartier européen se crée entre le boulevard Bab-Benat et l'enceinte extérieure; de ces terrains élevés, on a généralement de belles vues.

En prenant à g. du boulevard par la *rue Bab-el-Allouch*, on arrive à la porte de ce nom, à l'extérieur de laquelle a été construit récemment, sur une superficie de plus de 10 hect., un magnifique *Hôpital civil* (400 lits env.).

De la Kasba, les touristes craignant la marche pourront regagner l'avenue de France par le tram (10 c.); il sera plus intéressant de traverser de nouveau Medina par un itinéraire différent de celui qu'on aura déjà suivi. — Le plus court sera par la rue de la Kasba. L'école primaire du n° 31 de cette rue occupe l'emplacement de l'ancienne maison des Lazaristes. Là se trouve la première chapelle chrétienne fondée à Tunis dans les temps modernes; c'est une très modeste salle construite au XVIIe s. par le P. Le Vacher.

On préférera sans doute un itinéraire moins direct, traversant, soit les quartiers du S., soit ceux du N., où l'on manquera rarement de spectacles intéressants ou pittoresques et où l'on retrouvera aisément son chemin grâce au plan détaillé de cette partie de la ville. — Dans les premiers, se trouvent : l'*hôtel de la Division* ou *Dar Hussein* (Pl. B, 5), très belle maison indigène, qu'on ne peut visiter qu'exceptionnellement (on demandera d'être admis au moins dans le patio d'entrée, qui est fort intéressant); la *mosquée d'El-Ksar* (Pl. B, 5), qui est ancienne (XIe ou XIIe s.) et de construction très simple; le *Tourbet-el-Bey*, sur la rue du même nom, monument carré surmonté de petites coupoles à tuiles vernissées, où se trouvent les tombeaux des beys (ne se visite pas); la *mosquée des Teinturiers* (Pl. C, 5), sur la rue de ce nom, appelée aussi *Djama-Djedid* (la mosquée nouvelle), à minaret octogonal. — Dans les seconds, il n'y a guère à signaler que la *mosquée de Sidi-Mahrez* (Pl. 5; B, 3), sur la rue du même nom et non loin de la place Bab-Souïka, grande bâtisse du XVIIe s. qui attire de loin l'attention par sa masse et le nombre de ses coupoles, mais qui ne présente pas d'autre intérêt. Le *quartier juif*, qui n'a rien de bien curieux, occupe l'angle N.-E. de Medina (Pl. B-C, 4), entre la rue de la Kasba et la *place de Bab-Carthagina*. On remarquera seulement le costume des femmes, aux pantalons étroits et aux vestes de couleur voyante.

II. — Faubourg de Bab-Souïka.

Deux lignes de tram traversent ce faubourg, l'une conduisant de la Porte de France à Bab-Khadra par la rue du même nom (10 c.), l'autre de la Résidence à Bab-bou-Saadoun (corresp. du Bardo et de la Manouba) par la rue de l'Alfa, la place Bab-Souïka et la longue rue Bab-bou-Saadoun (15 c.).

Le point le plus intéressant est le **quartier Halfaouine** (Pl. 11; B, 3), où l'on se rendra de la place Bab-Souïka, desservie à la fois par la ligne circulaire et par celle du Bardo. La **place Halfaouine**, sur laquelle se trouvent une élégante *fontaine* et une belle *mosquée* construite au XVIIIe s. par Youssef Sahab-et-Taba (le maître du cachet, chancelier d'Hamouda pacha), en est le centre; elle est toujours très animée et on y pourra observer la véritable vie indigène des Tunisiens d'état médiocre. Pendant le Ramadan s'y tient une façon de fête foraine qui dure tout le mois et qui ne manquera pas d'intéresser les touristes. — Au N. de la place s'ouvre le *Souk Djedia*, dont les échoppes sont occupées par des tisseurs de soie.

Un autre coin assez curieux est le *quartier des potiers* ou *Gualaline* (Pl. 28; B-C, 3), non loin de Bab-Carthagina, où sont encore en usage des fours semblables aux fours antiques. Des poteries en provenant sont vendues place Bab-Souïka, concurremment avec des poteries de Nabeul.

III. — Faubourg de Bab-Djazira.

Ce faubourg est médiocrement intéressant. Cependant, on fera bien, si l'on a le temps, d'en parcourir la partie haute. En quittant le boulevard circulaire à hauteur de Bab-Djedid (tram, 10 c.), et en prenant par le *Souk-el-Aassar*, le *Souk des Armes* et la *rue Sidi-Essaïd*, on arrivera à la *place aux Chevaux* (Pl. 10; B, 6), sur laquelle se trouve la *caserne Saussier* et le *collège Alaoui* (école normale destinée à former le personnel enseignant de la Régence, tant européen qu'indigène).

De là, si l'on tourne à g., par un chemin qui longe en contrebas un cimetière musulman planté d'arbres, on franchit l'enceinte extérieure et on atteint l'arête de *la Manoubia*, qui domine à l'O. le bassin généralement à peu près à sec de la

Sebkha Sedjoumi (*V.* p. 20), à l'E. celui du lac de Tunis, et d'où l'on jouit d'une vue merveilleuse. — Plus bas, adossé à l'enceinte, se trouve un *hospice des Petites-Sœurs des Pauvres*. — Les promeneurs pourront revenir au quartier européen, en descendant de la Manoubia sur les Abattoirs (*V.* p. 22).

De la même place aux Chevaux, si l'on tourne à dr., en suivant la *rue Abd-el-Oiheb*, la *place des Moutons* et la *rue du Réservoir*, on arrive à un petit *jardin* agréablement planté, en arrière duquel le **Château d'eau** reçoit et distribue les eaux servant à l'alimentation de Tunis et à sa banlieue.

Ces eaux proviennent pour partie des belles sources de Zaghouan (*V.* p. 48) et de Djoukar, qui avaient été amenées à Carthage par les Romains au second siècle au moyen d'un aqueduc dont la longueur totale dépassait 100 k. et dont subsistent des restes imposants, notamment à la traversée de la vallée de l'Oued Miliano (*V.* p. 45) et à celle du seuil qui domine à l'E. la Manouba (*V.* p. 28). Cette conduite fut restaurée au milieu du dernier siècle par le gouvernement beylical qui y dépensa 13 millions. — Le débit de ces premières sources, qui s'élève en moyenne à 10,000 m. cubes par j., mais qui peut descendre, à la suite d'une série d'années sèches, à 3,000 m. cubes, est devenu insuffisant par suite de l'augmentation de la population et de l'extension des canalisations. Aussi la ville de Tunis vient-elle d'exécuter de grands travaux de captation dans la région lointaine du Bargou, au S.-O. de Zaghouan et de Djoukar, qui ont augmenté très notablement le cube journalier disponible, au prix d'une dépense de plusieurs millions; ces travaux ont été terminés au cours de l'année 1901.

On peut redescendre rapidement du Château d'eau sur le boulevard Bab-Menara et la Kasba (*V.* p. 15).

IV. — Ville européenne.

Comme toutes les villes modernes, le Tunis européen est construit sur un plan d'une régularité un peu monotone et ses îlots de maisons sont délimités par des voies rectilignes, dont certaines sont dès maintenant ou doivent être à bref délai plantées d'arbres. Une grande avenue, longue de 1 k. env., y a été tracée d'O. en E. et porte sucessivement les noms d'avenue de France, de place de la Résidence et d'avenue Jules-Ferry ou de la Marine. Une autre grande avenue, qui se développe du N. au S. sur plus de 3 k., dénommée dans sa partie N. avenue de Paris et dans sa partie S. avenue de Carthage, la coupe à angle droit à peu près en son milieu. Sur ces deux artères principales, ainsi disposées en forme de croix et parcourues par des trams, s'embranchent de nombreuses rues, déjà complètement bâties dans les quartiers de l'O., encore bordées de terrains vagues lorsqu'on s'écarte quelque peu à l'E., au S. et au N. des avenues de la Marine, de Carthage et de Paris; au bord du lac, de vastes espaces, marécageux et souvent inondés à la saison des pluies, attendent d'être remblayés et assainis.

Les touristes, partant de la Porte de France pour suivre

l'avenue de **France**, laissent d'abord à leur dr. la *rue Al-Djazira*, et à leur g. la *rue des Maltais*, l'une et l'autre animées, mais assez irrégulières, leur tracé ayant été commandé par celui de l'ancienne enceinte. L'avenue elle-même est bordée de hautes et belles maisons. — Un peu plus loin s'ouvre à dr. la **rue d'Italie**, actuellement la plus commerçante de Tunis. Sur cette rue se trouvent : à dr., le **marché** (Pl. 19; C, 4-5) ou *Fondouk-el-Ghalla* (spectacle intéressant le matin), et, à g., le magnifique **Hôtel des Postes** (Pl. 20; C, 5), qui couvre une superficie dépassant 3,500 m. carrés et qui a coûté plus de 1 million et demi. Dans la *rue d'Angleterre* (à dr.), que coupe ensuite la rue d'Italie, on trouvera la *Direction de l'agriculture et de la colonisation* et, dans la *rue de Russie* (aussi à dr.), qui vient ensuite, la *Bibliothèque française* (ouverte de 9 h. à 11 h. du mat. et de 2 à 5 h. de l'après-midi en hiver, de 8 h. à 11 h. du mat. seulement en été), assez bien fournie en ouvrages ayant trait à l'Afrique du Nord, et l'*Ecole Jules-Ferry* (enseignement secondaire des jeunes filles). Entre la rue d'Angleterre et la rue de Russie, à dr. sur la rue d'Italie, s'élève le *temple protestant*.

Après la rue d'Italie, sur la g. de l'avenue de France, à son extrémité E., se trouve le *Cercle militaire*.

On arrive à l'intersection de la **rue Es-Sadikia** à dr. et de la **rue de Rome** à g., voies que parcourt un tram (ligne de l'extrémité de la rue Al-Djazira à Bab-bou-Saadoun, avec corresp. pour le Bardo et la Manouba). — Par la première, qui est plantée d'arbres, on se rend à la *place de la Gare-Française* (Pl. C, 5), sur laquelle est situé l'embarcadère des lignes d'Algérie, de Sousse et du Kef, qui a gardé le nom de *gare française*, qu'il avait reçu aux premiers temps de l'occupation, mais dont l'appellation officielle est *gare du Sud*. — Par la seconde, où se trouve la tête de ligne des trams du Belvédère, on atteint en quelques pas l'embarcadère de la Goulette, la Marsa et Carthage, encore dénommé usuellement *gare italienne* (Pl. C, 4), comme au temps où les lignes dont il est le terminus appartenaient à la Cie Florio e Rubattino, bien qu'on lui ait officiellement substitué le nom de *gare du Nord*; cette gare est appelée à disparaître lors de la transformation projetée de l'ancien réseau Rubattino en tram électrique. Sur la petite place devant la station s'élève l'*église grecque*. — En continuant par la rue de Rome, on arrive à la *place du Consulat*, où sont les *bureaux du Contrôle civil*, puis à la *place de l'Ecole-Israélite*, non loin de l'entrée du *cimetière israélite*, vaste enclos rempli d'innombrables dalles mortuaires.

L'avenue s'élargit et devient la **place de la Résidence**, ornée d'un bassin. — Sur le côté S. s'élève l'*hôtel de la Résidence générale*. C'est à la Résidence que sont délivrées, par le chef du Cabinet, les autorisations de visite pour le Bardo (*V.* p. 27; s'adresser au planton). — Le côté N. est occupé à son centre par la *cathédrale*. — Le *couvent des Dames de Sion*, établissement

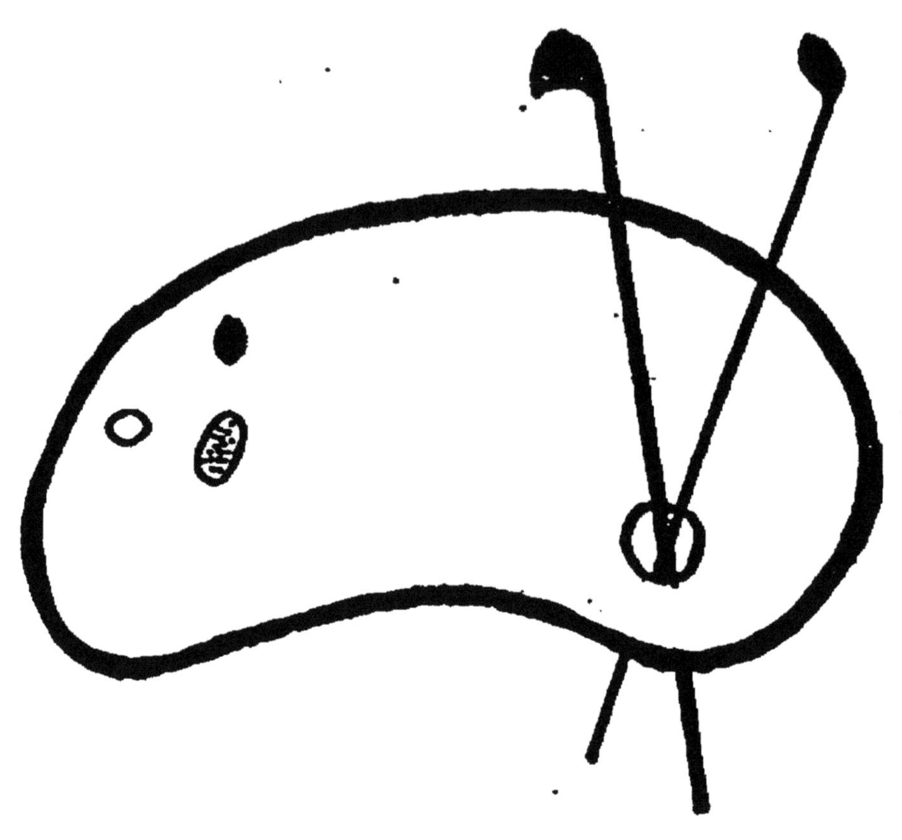

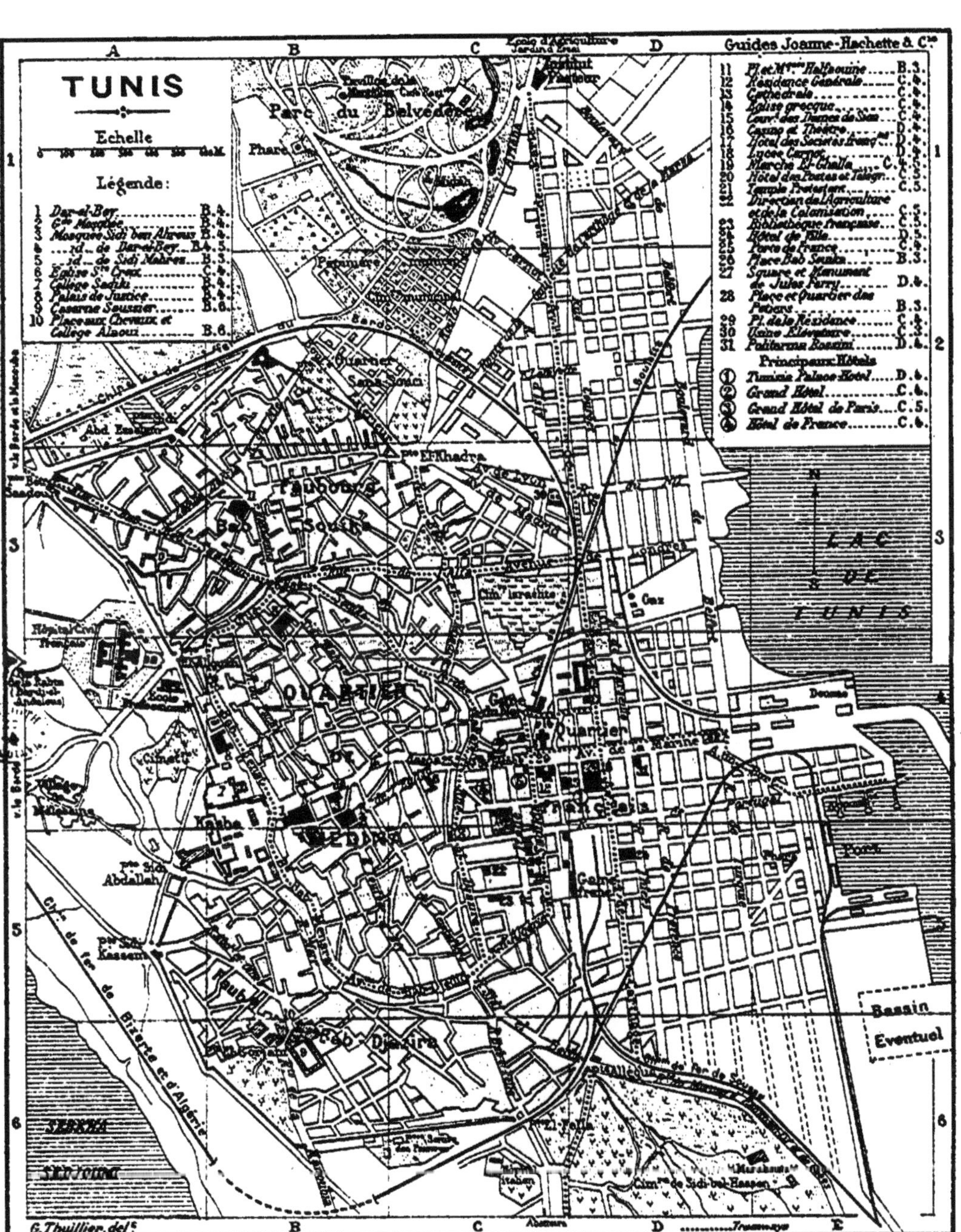

TUNIS
Echelle
Légende:
1 Dar-el-Bey .... B.4.
2 Gde Mosquée .... B.4.
3 Mosquée Sidi ben Ahrous B.4.
4 ...id... de Dar-el-Bey... B.4.5.
5 ...id... de Sidi Mahrez ... B.3.
6 Eglise Ste Croix .... C.4.
7 Collège Sadiki .... B.4.
8 Palais de Justice .... B.4.
9 Caserne Saussier .... B.6.
10 Place aux Chevaux et Collège Alaoui .... B.6.
Guides Joanne-Hachette & Cie
11 Pl. et Mosquée Halfaouine ..... B.3.
12 Résidence Générale ..... C.4.
13 Cathédrale ..... C.4.
14 Eglise grecque ..... C.4.
15 Couvt des Dames de Sion ..... C.4.
16 Casino et Théâtre ..... D.4.
17 Hôtel des Sociétés franç.ses ..... D.4.
18 Lycée Carnot ..... D.4.
19 Marché El-Ghalla ..... C.4.5.
20 Hôtel des Postes et Télégr. ..... C.5.
21 Temple Protestant ..... C.5.
22 Direction de l'Agriculture et de la Colonisation ..... C.5.
23 Bibliothèque française ..... C.5.
24 Hôtel de Ville ..... D.5.
25 Porte de France ..... C.4.
26 Place Bab Souika ..... B.3.
27 Square et Monument de Jules Ferry ..... D.4.
28 Place et Quartier des Pêcheurs ..... B.3.
29 Pl. de la Résidence ..... C.4.
30 Usine Electrique ..... C.3.
31 Politeama Rossini ..... D.4.
Principaux Hôtels
① Tunisia Palace Hotel ..... D.4.
② Grand Hôtel ..... C.4.
③ Grand Hôtel de Paris ..... C.5.
④ Hôtel de France ..... C.4.
Ecole d'Agriculture
Jardin d'Essai
Institut Pasteur
Parc du Belvédère
Phare
Faubourg
Bab Souika
Quartier
Sabra Souani
El Khadra
Av. de Lyon
Cim. Israélite
Gaz
LAC DE TUNIS
QUARTIER
Kasba
MEDINA
Gare
Quartier
Av. de la Marine
Port
Bassin Eventuel
Bab Djazira
Pte Sidi Abdallah
Pte Sidi Kassem
Hôpital Civil Français
Chin de fer de Bizerte et d'Algérie
SEBKHA
SEDJOUMI
Cimre de Sidi-bel-Hassen
Abattoirs
Tramways
A
B
C
D
E
1
2
3
4
5
6
G. Thuillier. delt
Imp. Dufrénoy - Paris

d'instruction florissant, fait face au jardin de la Résidence dans la *rue de Hollande*, à dr. de la place.

Au delà de la place commence la belle **avenue Jules-Ferry**, couramment désignée par son ancien nom d'**avenue de la Marine**, aussi large que la place elle-même (60 m.) et plantée d'une quadruple rangée de ficus, munis, à cause du vent, dans la partie inférieure de l'avenue, d'énormes tuteurs amarrés les uns aux autres par de forts fils de fer.

Sur la dr. de l'avenue s'élève le **Casino-Théâtre** (Pl. 16; D, 4), construction de moderne style récemment élevée, pour le compte de la ville de Tunis, par la *Cie des Stations hivernales africaines*.

Elle comprend : une salle de spectacle en façade sur l'avenue Jules-Ferry, où des représentations théâtrales sont données pendant la saison d'hiver (15 nov. au 15 avril); — un grand café, à l'angle de cette avenue et de celle de Carthage; — des salons de lecture, de réunion et de jeux, sur l'avenue de Carthage (entrée sur simple demande); — un grand hall couvert, aussi sur l'avenue de Carthage, pourvu d'une petite scène où se donnent des spectacles variés. — Un *cercle*, où peuvent se faire présenter les hiverneurs et les touristes, y est installé au-dessus du café (salons de jeux, salle d'escrime, hydrothérapie; accès sur l'avenue de Carthage). — Les jeux que l'administration du Casino-Théâtre est autorisée à organiser sont tous ceux qui sont autorisés ou tolérés dans les cercles et casinos de France.

Le *Tunisia-Palace-Hôtel*, situé derrière le Casino-Théâtre dans la rue d'Autriche et en communication avec lui, en est comme une dépendance. — L'îlot occupé par cet ensemble de bâtiments ne mesure pas moins de 116 m. sur 66 m.; il est délimité au N. par l'avenue de la Marine, à l'E. par celle de Carthage, au S. par la *rue d'Autriche*, à l'O. par la *rue de Grèce*. — La Cie concessionnaire du Casino-Théâtre exploite également le café-restaurant du Belvédère (*V.* p. 21).

Lorsqu'on a dépassé le Casino, on voit s'ouvrir à dr. l'**avenue de Carthage** et à g. l'**avenue de Paris**, l'une et l'autre larges de 20 m. — Par la première, on se rend à Sidi-bel-Hassen et aux Abattoirs (*V.* p. 22); c'est l'amorce de la route de Zaghouan d'un côté, de celles du Mornag, d'Hammam-Lif et de Sousse de l'autre. Sur la g. de cette avenue, au delà de la rue de Portugal, se trouve l'*Hôtel de Ville*, en arrière d'un petit square destiné à disparaître lorsqu'on édifiera le corps de logis de façade projeté. — Par la seconde, on se rend au Belvédère (*V.* p. 21), à l'Ariana, à la Marsa, à Carthage, à la Goulette (*V.* p. 29). Sur la g. de cette avenue, après la *rue de Naples*, est situé l'*hôtel des Sociétés françaises*, auquel font suite les grands bâtiments du *lycée Carnot*, fondé par le cardinal Lavigerie sous le nom de *collège Saint-Charles*, puis cédé par lui au protectorat; il compte 700 élèves. Sur la dr., *square*, en arrière duquel se trouvent les bureaux de la *Conservation foncière*.

A quelque distance au delà de l'avenue de Carthage, sur la dr. de l'avenue Jules-Ferry, à l'angle de la *rue Thiers*, on remarquera le *théâtre* ou *politeama Rossini* (salle de 1,200 places). Puis, à mesure qu'on avance, les constructions qui bordent l'avenue diminuent peu à peu d'ampleur; beaucoup ne sont que de simples baraquements. Ces abris sommaires sont surtout nombreux dans le pauvre quartier de la *Petite-Sicile*, ainsi nommé du pays d'origine de ses habitants, qui s'étend à dr. De profondes transformations, déjà quelque peu amorcées, ne tarderont pas sans doute à changer l'aspect de ce quartier. La *rue du Portugal*, qui le traverse, parallèlement à l'avenue Jules-Ferry, est la voie la plus directe du port à la rue d'Italie et semble devoir prendre une réelle importance.

L'extrémité E. de l'avenue est occupée par un petit *square*, où se dresse la *statue de Jules Ferry* (par A. Mercié). — En poussant au delà, à travers ce qui était autrefois l'enclos de la marine, on arrive au lac, sur l'emplacement de l'ancien port, qui n'était qu'une darse étroite maintenant comblée.

C'est à hauteur du square Jules-Ferry que se détache à dr. l'*avenue du Port* (tram de la Porte de France au port, 10 c.), encore fort peu construite.

Le port a exigé d'importants travaux, qui ont été accomplis en deux étapes. — On a d'abord creusé au travers du lac de Tunis un chenal maritime de 6 m. 50 de tirant d'eau, long de plus de 10 k., protégé à son débouché sur le golfe par deux jetées; ce canal donne accès à un bassin d'opérations de 12 hect. Le volume total des dragages a atteint 4,800,000 m. cubes; leurs produits ont été déposés pour partie le long des berges du chenal qui se trouve ainsi bordé de deux levées de terre. Ces premiers travaux, exécutés par la Société des Batignolles de 1888 à 1893, ont coûté 13,500,000 fr. — Les quais qui bordent le bassin sur 600 m. env., ainsi que les hangars-magasins qui y sont construits, ont été établis ultérieurement (1895-1896) par la Cie des ports de Tunis, Sousse et Sfax, qui y a dépensé plus de 3 millions. Le gouvernement tunisien, qui a garanti le service des intérêts et de l'amortissement de ces dépenses, est par contre intéressé dans l'exploitation du port, qui donne dès maintenant des produits nets appréciables. — Un second bassin, destiné à l'embarquement des phosphates en provenance de la ligne du Fahs à Kalaa-es-Senam et à Kalaa-Djerda, vient d'être creusé au S. du premier.

Le tonnage effectif du port, qui est en progression marquée, a dépassé 430,000 tonnes en 1903. Il s'accroîtra très notablement à mesure que la ligne du Kef et ses embranchements miniers seront ouverts à l'exploitation.

Le lac de Tunis, que les indigènes appellent *El-Bahira*, la petite mer, au travers duquel a été creusé le canal maritime, est une vaste lagune aux rives incertaines de 50 k. carrés de superf., dont les eaux sont très peu profondes (moins de 1 m. en moyenne). Ces eaux sont en revanche poissonneuses et la *Société des pêcheurs réunis*, qui en a amodié l'exploitation, en retire bon an mal an de 400 à 500 tonnes de poisson. La pêche se pratique concurremment dans des bordigues installées à l'E. et à l'O. du lac, aux abords de la Goulette et de Tunis, et en barque à l'aide du tramail. — Ses rives sont souvent animées par de nombreux flamants roses.

De l'autre côté de Tunis, séparé de ce premier lac par la crête de la Manoubia (*V.* p. 16), s'étend un autre grand lac, la *Sebkha Sedjoumi*, qui n'est qu'une cuvette sans écoulement; les eaux saumâtres qui s'y amassent à la saison des pluies s'évaporent presque complètement dès que viennent les chaleurs, laissant à découvert des sables parsemés d'efflorescences salines.

A 2 k. N. du centre de la ville européenne a été créé, sur les pentes d'une colline dont le point culminant s'élève à 82 m., le beau **parc du Belvédère** (Pl. B-C, 1), que les touristes ne devront pas omettre de visiter (de préférence un peu tard dans l'après-midi). On s'y rendra le plus souvent par l'avenue de Paris (tram de la rue de Rome, proche la place de la Résidence, toutes les 10 ou 15 min., en 10 min.; 15 c., all. et ret. 25 c.; entrée à g. du terminus); mais on pourra y aller également par Bab-el-Khadra (tram de la Porte de France par la rue des Maltais et la rue Bab-el-Khadra jusqu'à la porte; 10 c.), d'où l'on prendra, soit à g. par une route qui longe les cimetières européens et aboutit à l'entrée S.-E. du parc (extension très prochaine jusqu'à cette entrée du tram de Bab-el-Khadra), soit à dr. par la route qui suit l'extérieur des remparts et l'avenue qui s'en détache à g. pour atteindre l'entrée S.

Le parc, dont l'étendue est d'une centaine d'hectares, est admirablement situé et a été fort bien dessiné; ses plantations viennent à peine d'être achevées; les perspectives qu'on a de ses allées (praticables aux voitures et aux cycles) tracées à flanc de coteau sont de tout point admirables. D'aucun endroit, le panorama de Tunis n'est plus grandiose que du revers S. de la colline, spécialement du point où s'élève le pavillon de la Manouba; quand le soleil commence à s'abaisser sur l'horizon, le spectacle est vraiment d'une rare beauté. Du sommet, où une grande plate-forme circulaire, au pourtour de laquelle sont disposés des bancs, a remplacé un petit ouvrage fortifié, élevé au début de l'occupation, la vue s'étend dans toutes les directions : au S., Tunis, en arrière duquel apparaissent les montagnes lointaines du Bou-Kornein, du Ressas et du Zaghouan; à l'E., le lac de Tunis et les collines de Carthage, puis les eaux du golfe et les hauteurs de la péninsule du cap Bon; au N., un pays mamelonné couvert d'oliviers; à l'O., le Bardo, la Manouba et les hautes arcades de l'aqueduc.

A mi-côte du flanc O. de la colline, dans la partie la plus anciennement aménagée, sur une esplanade qui commande un vaste horizon, s'élève un beau *café-restaurant*, dépendance du Casino-Théâtre (*V.* p. 19); des jeux y sont organisés à la belle saison ainsi que des représentations genre café-concert. — Du même côté, en contre-bas, a été réédifié pierre à pierre, par le Service des travaux de la Ville, un élégant *édifice*, dit *Mida*, qui tombait en ruines dans le quartier des Souks à Tunis (salles d'ablutions précédant l'entrée d'une mosquée). — On a fait de même pour un beau *pavillon* ou *koubba* provenant de la Manouba, dont les coupoles et les voûtes en stucs ajourés ont été démontées pièce à pièce, puis remontées par le même Service. — Un *vélodrome* (en cours d'aménagement) se trouve dans la partie N.-O. du parc.

[Au N. du rond-point où s'ouvre l'entrée du parc et au delà duquel l'avenue de Paris se prolonge par la *route de l'Ariana* (*V.* p. 42), vient d'être construit un *Institut Pasteur*. — En bordure de l'origine de la route, sur la dr., s'étend le *Jardin d'Essai* (qu'on peut visiter sur demande), dont les plantations, les pépinières et les cultures diverses couvrent une trentaine d'hectares. Lui faisant suite, également à dr., se trouve l'*École coloniale d'agriculture*, à laquelle est annexée une *Ferme d'expériences*.]

Au S. de la ville, du mamelon que couronne le fortin dit de Sidi-bel-Hassen (88 m.), on a également une vue fort belle. Pour s'y rendre, prendre à la rue de Rome le tram des Abattoirs, soit jusqu'à *Bab-Alleoua* (Pl. D. 6; 10 c.), d'où l'on traversera le grand *cimetière indigène* qui couvre le revers N. de la colline et que domine au S.-E. le *marabout de Sidi-bel-Hassen*, soit jusqu'au point terminus (15 c.), d'où l'on fera l'ascension du mamelon en contournant le cimetière par le S.-O. — L'accès d'un périmètre militaire réservé autour du fortin est interdit, mais on jouit tout aussi bien du panorama de points situés en dehors de ce périmètre.

Les *Abattoirs* couvrent une superficie de près de 3 hect.; ils sont divisés en trois quartiers, où se pratiquent des procédés d'abatage différents : chrétien, musulman et juif. — Les vastes bâtiments qui s'élèvent au delà dépendent du *Service des monopoles*, qui s'exercent en Tunisie sur le tabac, les poudres, les allumettes, les cartes à jouer et le sel. — Un important *hôpital colonial italien* a été récemment construit en dehors de l'enceinte de Tunis, à quelque distance à l'O. de la route des Abattoirs.

Des Abattoirs, on peut gagner la Manoubia et le haut du faubourg de Bab-Souïka (*V.* p. 16).

[A l'O. de la ville, les hauteurs entre la Sebkha Sedjoumi et la route du Bardo portent les restes pittoresques d'anciens forts dont certaines parties datent vraisemblablement de l'occupation espagnole, ainsi qu'en témoigne le nom de l'un d'eux, le *bordj-el-Andalous* qui signifie le *fort des Espagnols*. Le terrain environnant est creusé de nombreux silos en forme de bouteille, dits *rabla*, où s'emmagasinaient jadis les céréales dont bénéficiait le trésor beylical par suite de la perception des impôts en nature. — De ces points, panoramas intéressants.]

ENVIRONS DE TUNIS

1° Le Bardo (Musée Alaoui) et la Manouba.

2 k. (de Bab-bou-Saadoun) jusqu'au Bardo et 6 k. jusqu'à la Manouba. — Tram électr. (jusqu'à Bab-Souïka par la ligne circulaire pour 5 c., ou par celle de la rue de Rome pour 10 c.; corresp. à Bab-Souïka pour le Bardo toutes les 15 ou 20 min. en 15 min. et la Manouba toutes les 30 ou 40 min. en 30 min.) : 15 c. de Bab-Souïka au Bardo; 15 c. du Bardo à la Manouba; — Voit. partic. : pour le Bardo, 3 fr. aller et ret. avec un arrêt d'une heure; pour la Manouba, prix à débattre. — Le ch. de

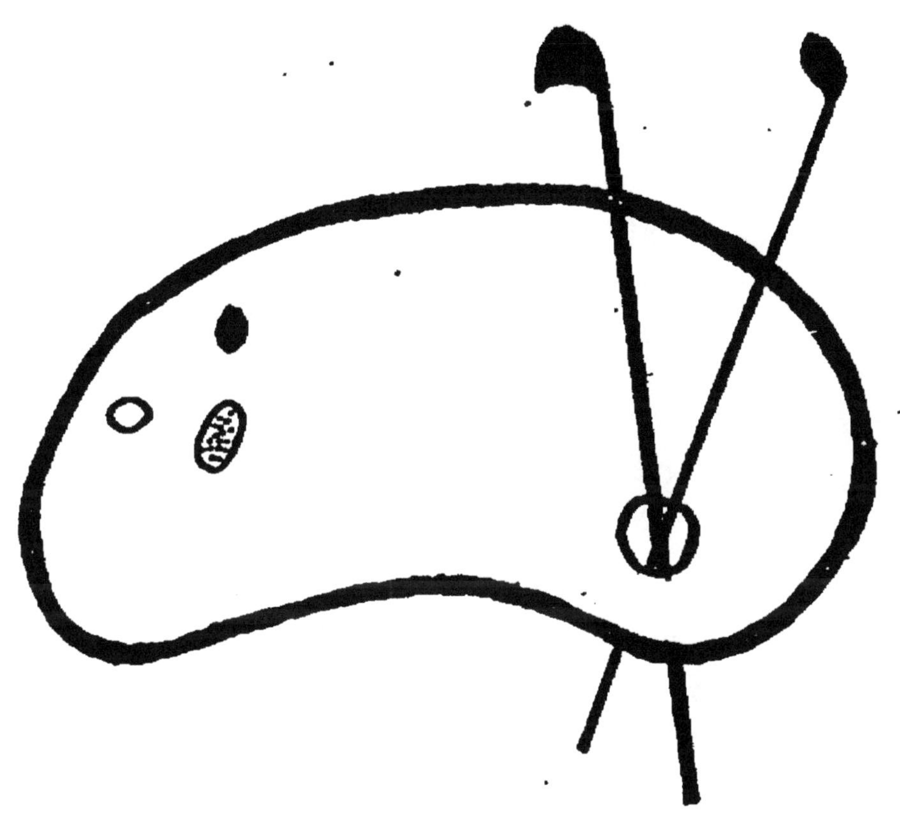

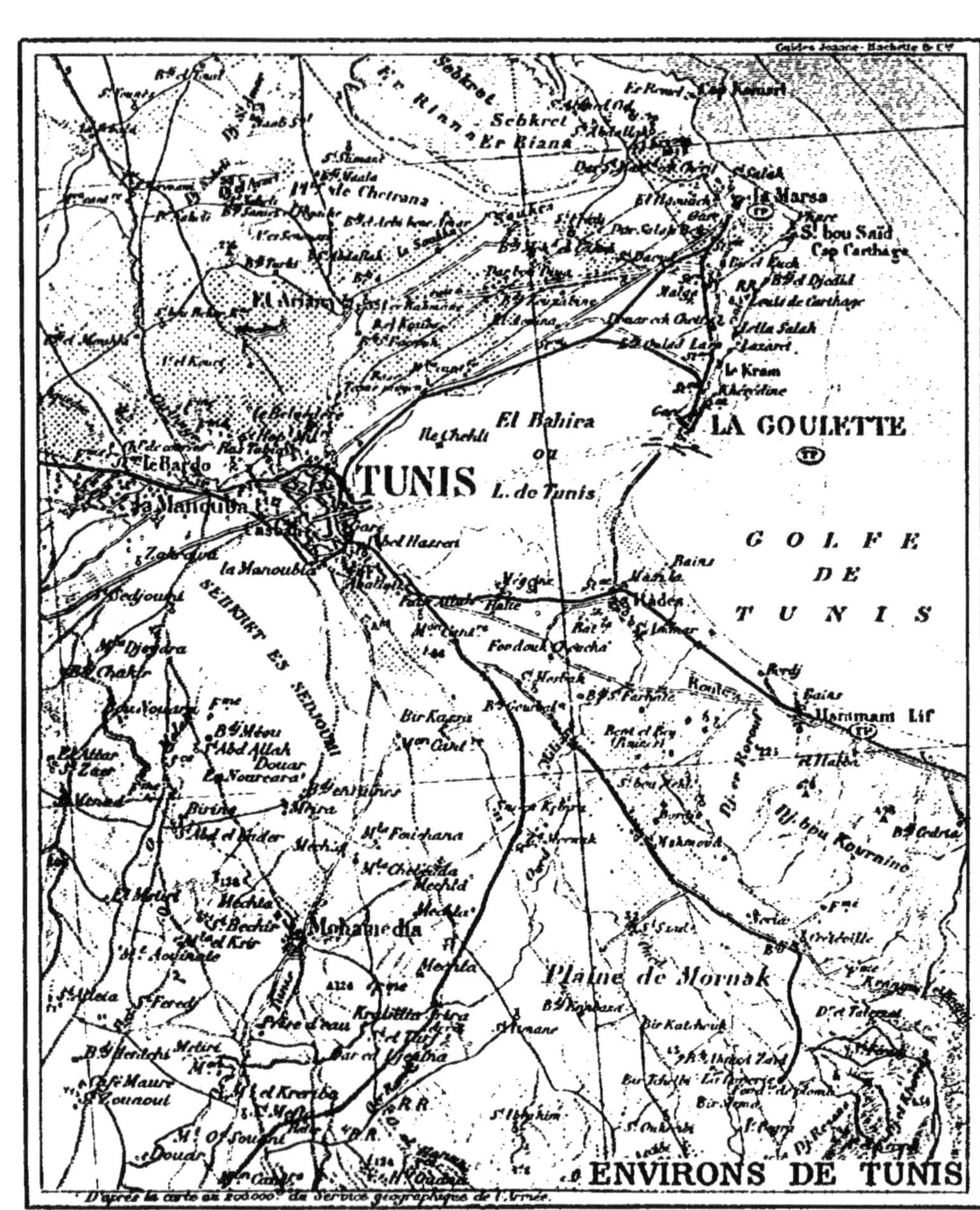
Guides Joanne - Hachette & Cie
TUNIS
LA GOULETTE
La Marsa
S.t bou Saïd
Cap Carthage
El Bahira
ou
L. de Tunis
GOLFE
DE
TUNIS
Sebkret
Er Riana
le Bardo
la Manouba
Mohamedia
Plaine de Mornak
Hammam Lif
le Kram
Khéreddine
Rades
SEBKRET ES SEDJOUMI
ENVIRONS DE TUNIS
D'après la carte au 200 000e du Service géographique de l'Armée.

fer (dép. de la gare française, l'anc. ligne de la gare italienne au Bardo n'étant plus exploitée) a des départs trop peu fréquents pour être commodes; les trains ne s'arrêtent au Bardo que sur avis donné au chef de train.

Les touristes en voit. ou à cycle ont, jusqu'au Bardo, le choix entre deux itinéraires : *a.* celui que suit le tram, qu'on ira joindre à Bab-bou-Saadoun après avoir contourné la ville (3 k. env.) par les avenues de Paris et de Madrid, Bab-el-Khadra et l'extérieur de l'enceinte, afin d'éviter les rues étroites et encombrées du faubourg; — *b.* route passant auprès du v. de Melassine (à g.), qu'on atteindra, soit par Bab-el-Allouch et l'Hôpital civil (rue des Maltais et circulaire du N. jusqu'au boulevard Bab-Benat, où l'on prend à dr.), soit par Bab-Sidi-Kassem ou par Bab-Sidi-Abdallah (rue Al-Djazira et circulaire du S. jusqu'au boulevard Bab-Menara, où l'on prend à g.).

Pour la visite des appartements beylicaux, on se prémunira d'une carte à la Résidence (*V.* p. 18).

Le Musée Alaoui est ouvert (sans carte) t. l. j., sauf le lundi, de 9 h. à 11 h. et de 1 h. à 4 h. du 16 sept. au 15 avril, de 2 à 5 h. de l'après-midi seulement du 16 avril au 15 sept.; mais la section arabe n'est publique que quelques séances par sem., pendant lesquelles celle des Antiquités cesse d'ailleurs de l'être (s'informer et consulter les affiches apposées dans les hôtels).

Le tram suit la circulaire N. jusqu'à Bab-Souïka, puis appuie à dr. par la rue Bab-bou-Saadoun jusqu'à la porte de ce nom. Au delà, la route passe sous les arcades d'un aqueduc construit ou restauré par les Espagnols au XVIe s. — *Saint-Henri*, groupe de villas en voie d'accroissement.

L'ancien **Bardo**, vaste ensemble de palais et de constructions diverses édifiées successivement par les beys, couvrait, lors de notre intervention en Tunisie, une superficie de plusieurs hectares délimitée par une enceinte flanquée de bastions et de tours. Ces bâtiments menaçant ruine, de larges démolitions ont été nécessaires concurremment avec des réfections portant sur les parties conservées. Le Service des Travaux publics s'en est fort heureusement acquitté. Actuellement, l'enceinte est rasée au S. le long de la route et une esplanade a été créée, qu'on vient d'aménager en jardin public; à l'E. et au N. s'élève une caserne, occupée par des soldats beylicaux; en arrière des plantations se dressent encore des bâtiments en mauvais état (dont on ne conservera sans doute qu'un patio ouvert), et, au delà, un bain maure à dr. et une petite mosquée à g.; à l'O. sont les parties à visiter, le Musée Alaoui et les Appartements beylicaux.

Le **Musée Alaoui**, ainsi nommé en l'honneur du bey Ali, prédécesseur du souverain actuel de la Tunisie, est le plus important des musées archéologiques de l'Afrique du Nord; il doit son rapide accroissement aux fouilles faites par le Service des Antiquités de Tunisie, que dirige présentement M. Gauckler; son conservateur est M. Pradère. Les remaniements y sont assez fréquents.

VESTIBULE. — Inscriptions latines, dont plusieurs sont d'une grande importance pour l'histoire de l'Afrique romaine. Deux d'entre elles, notamment, qui proviennent, l'une d'Henchir Mettich, près de Testour, et l'autre d'Aïn Ouassel, près de Téboursouk, et qui sont relatives à l'exploitation agricole de grands domaines, présentent un intérêt tout particulier.

SALLE DE DROITE. — Elle est consacrée aux *antiquités antérieures à la domination romaine*. Armes et outils préhistoriques en pierre, du Sud Tunisien. Poteries trouvées dans des tombeaux mégalithiques. Inscriptions libyques (l'alphabet est le même que celui dont les Touareg du Sahara se servent encore aujourd'hui); inscriptions puniques. Stèles votives à Tanit Péné-Baal et à Baal Hammon, trouvées à Carthage. Boulets en pierre et balles de fronde en terre cuite de l'arsenal de Carthage. Morceaux d'architecture punique.

SALLE DE GAUCHE. — Elle contient des *antiquités chrétiennes*. Au milieu, cuve baptismale d'El-Kantara, dans l'île de Djerba. Mosaïques: l'une d'elles, provenant d'une église de Sainte-Marie du Zid (p. 45), représente le chantier de construction de cette église. Carreaux d'argile qui revêtaient des parois dans des édifices chrétiens; divers sujets y sont représentés : sacrifice d'Abraham, la Vierge et l'Enf. J., animaux, etc.

ESCALIER. — Sarcophage représentant les Muses, trouvé à Porto Farina. Sculptures funéraires romaines. En haut, statue de la Concorde, tenant une corne d'abondance, des fouilles de Bou-Grara; têtes de Jupiter Sérapis et d'Isis.

ANCIEN PATIO, grande salle entourée de portiques. — Au milieu, deux *mosaïques* d'Oudna (*V.* p. 45), représentant, l'une Bacchus donnant la vigne à Icare, roi de l'Attique, l'autre des habitations rurales. — Autour, diverses statues de Carthage : *Bacchus*; *Faustine*, femme de Marc Aurèle (statue colossale); *Jupiter Sérapis*; *Vénus* au Dauphin; *Déesse* diadémée et voilée; statue colossale d'*Isis*; *Mercure*; *Bacchus*; *Dame romaine* de l'époque de Trajan ou d'Hadrien; l'*empereur Hadrien*, en Mars. — Dans un angle, partie supérieure d'une statue colossale de Jupiter assis, de mauvais style (trouvée à Carthage). — Le long des murs, têtes en marbre (divinités ou portraits), bas-reliefs, pierres votives consacrées à la divinité principale des Africains, identifiée par les Romains à leur Saturne.

Du patio, on entrera (à g. de la porte d'entrée) dans l'ancienne SALLE DES FÊTES. — Au pavement, grande et belle *mosaïque*, trouvée à Sousse et représentant le cortège de Neptune. — Sur les parois, autres *mosaïques* : courses dans le cirque (mosaïque byzantine de Gafsa); scènes de pêche (de Carthage); déchargement d'un navire (de Sousse); belle tête d'Océan et paon (de Bir-Chana, près de Zaghouan); trois mosaïques de forme cintrée, représentant des bâtiments ruraux (trouvées près de Tabarca); l'Océan couché sur un rocher, avec les quatre vents dans des médaillons (de Sousse); assez nombreuses *mosaïques tombales chrétiennes* de Tabarca; les plus intéressantes montrent le mort dans l'attitude de la prière et flanqué de deux cierges). — Dans la salle, plusieurs statues d'empereurs et d'autres personnages, presque toutes sans tête. — Au fond, sur la cheminée, grande tête de *Minerve*, découverte à Carthage. — Vitrines contenant de belles collections de *lampes* et de *poteries*.

SALLE NOUVELLE (inaugurée en 1903), à l'angle N.-E. du palais. — Au milieu, très belle *patère d'argent*, avec incrustations et placages d'or, qui a été trouvée à Bizerte (lutte d'Apollon et de Marsyas); deux meubles renfermant des *bijoux* (en particulier les objets en or trouvés dans les sépultures puniques de Carthage). — Entre les fenêtres, *sarcophage* de Sainte-Marie du Zid, représentant les Grâces et les Saisons. — Dans les angles, sur des colonnes ou des consoles, des têtes en marbre : bel *Hercule* de Bou-Grara, *Lucius Verus* provenant du théâtre de Dougga, *Faustine l'Aînée*, *Vespasien*, *poète grec*, copie d'un original célèbre qu'on a cru longtemps être le portrait de Sénèque le philosophe, etc. — Sur les murs, remarquable

Musée Alaoui, ancien Patio. — Cliché de M. J. Valensi.

mosaïque de Chebba, près Mehdia, représentant le triomphe de Neptune, entouré des Quatre Saisons sous des berceaux de feuillage; autre mosaïque de Chebba (navire, Arion sur un dauphin, Orphée charmant les animaux); mosaïque de Dougga (les Cyclopes forgeant les foudres de Jupiter sous la surveillance de Vulcain); mosaïque de Carthage (oiseaux dans un verger). — Des vitrines et armoires contiennent le *médaillier*, des figurines en terre cuite de Sousse, des verreries.

Revenant au patio, on se rendra à la SALLE DE DROITE (ancienne salle à manger). — Au milieu, *plan* en relief de Carthage. Vitrines contenant le mobilier funéraire trouvé dans les sépultures puniques de Carthage qui ont été fouillées par le Service des Antiquités : *masques en terre cuite*, représentant soit des femmes, compagnes aimables des morts, soit des personnages grimaçants, qui rappellent les masques japonais et qui avaient pour mission de terrifier les puissances malignes et de les écarter des défunts; *poteries*, dont les unes ont été fabriquées à Carthage et les autres importées de Sicile, d'Italie ou de Grèce; miroirs en bronze; œufs d'autruche qui servaient de vases; peignes d'ivoire, fioles d'albâtre, amulettes, etc. — Sur les parois, nombreuses *mosaïques* d'Oudna : Orphée charmant les animaux, Hercule couronné par la Victoire : Europe et Jupiter en taureau, scène de pêche, etc.

De l'autre côté du patio, en face de la salle à manger, s'ouvre la SALLE DE GAUCHE (ancienne salle de concert). — *Mosaïques*. — Au pavement, grande mosaïque de Médeïna, près du Kef; navires romains, avec des inscriptions indiquant leurs noms, fleuve couché, tête d'Océan. — Sur les parois : scènes de chasse dans un paysage au milieu duquel s'élève une chapelle, avec des statues d'Apollon et de Diane (de Carthage); Vénus dans une coquille, flanquée de deux figures de Vents (même proven.); banquet (même proven.; basse époque); scènes de pêche sur le Nil, bâtiments divers (proven. d'El-Alia, près Mehdia. — Reproductions en miniature de divers monuments antiques de la Tunisie.

Au fond du patio, un escalier conduit à l'ancien APPARTEMENT DES FEMMES, salle en forme de croix dont les voûtes (coupole octogonale au centre) sont décorées de plâtres ajourés d'un travail fort élégant (*noukch hadida*) et dont les parois sont revêtues de beaux carreaux de faïence. Ces plâtres et ces carreaux sont des spécimens remarquables de l'art tunisien moderne. — Au milieu, *mosaïque* de Bir-Chana; les dieux de la Semaine (Saturne au centre). — Au fond, *Apollon* colossal (de Carthage); *Amour* sur un dauphin, sujet de fontaine (d'Oudna); *Vénus*, etc. — Dans l'aile dr., l'*Impératrice Julia Domna* en Muse (de Carthage); *torse* de jeune homme, copie du *Satyre* versant à boire de Praxitèle (de Tebourba); *Vénus* drapée; remarquable *mosaïque* de Sousse (Virgile assis, entre deux Muses). — Dans l'aile g., *statuettes* trouvées à Carthage dans une cachette; Cérès, deux femmes drapées (Cora? Hora?). — Dans 2 petites salles à coupole, s'ouvrant sur l'appartement des femmes, photographies et reproductions en miniature des principaux monuments de Dougga, ainsi que des trois temples de Sbeïtla.

Le MUSÉE ARABE, créé en 1900 seulement, occupe un charmant petit palais construit il y a une soixantaine d'années, qui est un bon spécimen de l'architecture locale et qui se trouve tout à fait approprié à sa nouvelle destination. L'entrée se trouve au haut (à dr.) de l'escalier qui conduit aux salles des antiquités. Ce musée contient déjà un grand nombre de poteries (de Tunis et de Nabeul), de panneaux en faïence, d'objets en cuivre, de tapis, de meubles, de bijoux (remarquer en particulier les bijoux de style byzantin qu'on fabrique, de nos jours encore, à Moknine, près de Sousse), etc. Les collections ainsi formées, qui s'accroissent et se complètent chaque année, permettront aux visiteurs de connaître d'une manière exacte les industries d'art qui ont existé ou existent encore en Tunisie.

Escalier des Lions au Bardo. — Cliché de M. J. Valensi.

Appartements beylicaux. — Cliché de M. J. Valensi.

Les Appartements beylicaux ne présentent pas un intérêt de premier ordre, mais on profitera de la visite au Musée pour y jeter un coup d'œil. Ils sont visibles t. l. j. avec une carte délivrée à la Résidence et sans carte en insistant quelque peu; les deux gardiens qui conduisent successivement les visiteurs vont généralement trop vite et on devra modérer leur hâte; gratification modérée.

On y pénètre par un degré extérieur en marbre orné de lions (à g. du Musée), au sommet duquel un vestibule ouvert (plafonds en stucs) conduit à une grande cour à colonnade. De là, l'ordre de la tournée est le plus souvent le suivant :

Traversée de la cour et d'un couloir à sa suite, qui accède à un escalier; du palier de celui-ci, on pénètre à dr. dans un grand salon suivi d'un salon plus petit; les murs sont couverts de tableaux sans valeur (portraits de princes beylicaux, de souverains européens, scènes militaires). — Retour jusqu'au bas de l'escalier, d'où l'on gagne (à g.) une cour à colonnade. Là se trouve l'entrée du *salon des glaces* : plafond assez joli, d'un dessin oriental en baguettes dorées avec glaces dans les entre-deux; aux murs, revêtements de marbre de travail italien. — On revient ensuite à la 1re cour. A g., salle en forme de croix; le bas des murs est revêtu de marbres italiens, le haut de panneaux de faïences tunisiennes d'un bon effet décoratif. A dr., autre salle décorée à l'italienne. — Dans toutes ces salles, mobilier d'origine européenne banal et de goût douteux; innombrables pendules.

C'est au Bardo que fut signé, le 12 mai 1881, le traité par lequel le bey Si-Mohammed-es-Saddok reconnut le protectorat français.

Au delà du Bardo, sur le même côté de la route, le *palais de Kassar-Saïd*, résidence d'hiver du bey actuel, s'élève au milieu d'un enclos planté d'orangers et d'arbres fruitiers. Sa visite, pour laquelle il faudrait solliciter une autorisation spéciale au Dar-el-Bey ou à la Résidence, est sans intérêt.

Du Bardo, deux itinéraires conduisent à la Manouba : celui de g., un peu tortueux, que suit le tram, qui emprunte d'abord la route de Medjez et du Kef, traverse la voie ferrée, et, à 2 k. env. du passage à niveau, au delà de l'arrêt de *Khasnadar*, appuie à dr.; le terminus actuel du tram (à 6 k. 7 de Bab-bou-Saadoun) se trouve à 500 m. env. au S. de la station du ch. de fer; — celui de dr., qui longe la voie ferrée, laisse à dr. le *Champ de courses*, et passe à la station, d'où l'on atteint le terminus du tram en prenant à g.

La Manouba est une agglomération de villas entourées de jardins. Certaines, qui sont d'anciennes résidences de princes ou de ministres beylicaux, seraient intéressantes à visiter, notamment la *caserne des chasseurs*, construite par Hamouda-pacha, et le *palais Khéreddine*; mais leur accès n'est pas ouvert au public.

[La route empierrée se poursuit au delà de la Manouba jusqu'à (25 k. de Tunis) Djedeïda, (32 k.) le Bathan, et (34 k.) Tebourba. — De Djedeïda, on peut rejoindre, par une piste passable (12 k.), la route du Kef à hauteur de Sidi-Ali-el-Hattab (V. le guide d'*Algérie*).]

2° Carthage, La Goulette et la Marsa.

16 k. — Ch. de fer (rue de Rome, Pl. C, 4) desservant en patte d'oie la Goulette et la Marsa, avec ligne de jonction sur laquelle se trouve la stat. de la Malga-Carthage. Les trains, nombreux, parcourent circulairement ce réseau dans les deux sens, les uns partant par la Marsa et revenant par la Goulette, les autres partant par la Goulette et revenant par la Marsa; 30 min. pour aller à la Marsa ou à la Goulette, 40 à 50 min. pour Carthage. — Prix uniformes pour la Marsa, la Goulette ou la Malga-Carthage de 1 fr. 75, 1 fr. 20 et 65 c. (billet simple), de 2 fr. 50, 1 fr. 75 et 1 fr. (aller et ret.). — Cette ligne sera cédée prochainement à la Cie des tramways, qui l'exploitera électriquement.

Voit. partic., prix à débattre, de 15 à 20 fr. pour la journée. On trouve aussi des voit. à la Marsa et à la Goulette et quelquefois à la stat. de Carthage.

Une bonne route empierrée relie Tunis à la Goulette; à peu près à mi-chemin, un embranchement s'en détache à g. sur la Marsa et Sidi-bou-Saïd; sur cet embranchement s'amorce, à (3 k. 5 de la bifurcat.) hauteur de Sidi-Daoud, une route sur la Malga et Carthage. Un autre bon chemin joint la Goulette à (8 k.) la Marsa par Carthage. Enfin, on peut aussi aller à Carthage par l'Ariana et la Soukra (V. p. 42).

Les touristes pressés iront directement à Carthage et en reviendront de même, ce qui ne leur demandera que quelques heures. Il sera préférable de consacrer à l'excursion une journée entière (déjeuner à Carthage, où se trouvent des hôtels très suffisants) et de visiter en même temps la Goulette, la Marsa et Sidi-bou-Saïd.

Le Musée Lavigerie est ouvert au public les dim., lundi, jeudi, vendr. et sam. de 2 h. à 5 h. 30 de l'après-midi et exceptionnellement t. l. j. sur demande adressée au R. P. Delattre, son directeur; il est fermé les dim. et fêtes durant le temps des offices et toute la journée du mercredi au samedi de la Semaine sainte. — L'entrée en est gratuite; un tronc placé à l'entrée d'une des salles reçoit les offrandes des visiteurs, dont le produit est appliqué aux fouilles.

La cathédrale de Saint-Louis est ouverte t. l. j. de 5 h. 15 à 11 h. 15 et de midi 30 à 5 h. 30.

Au sortir de Tunis, on traverse des terrains salés, de végétation chétive, en bordure du lac; à dr., îlot et vieux fort de *Chekli*; en avant, hauteurs de Carthage, couronnées par la cathédrale de Saint-Louis. L'embranch. de la Goulette suit constamment la rive du lac; celui de la Marsa s'en éloigne en prenant une direction N.-E. et court à travers un pays moins désolé qu'animent des jardins et des olivettes; le raccordement entre la Goulette et la Marsa longe par l'O. la base des collines où s'élevait l'ancienne Carthage.

Carthage fut fondée, en 814 ou 813 av. J.-C., par des Tyriens qui, selon la légende, étaient conduits par Didon ou Elissat, sœur du roi Pygmalion. Le nom qu'elle reçut, *Cart-hadchat* (dont les Romains ont fait *Carthago*), signifie en phénicien *la nouvelle ville*, c'est-à-dire probablement la nouvelle Tyr. Placée près de l'embouchure du fleuve important qu'on appelle auj. la Medjerda, à proximité de la Sicile et presque sur le bras de mer qui relie la Méditerranée occidentale à la Méditerranée orientale, Carthage devint vite prospère. Tyr étant tombée en décadence et les progrès rapides des Grecs menaçant les établissements que les Phéniciens avaient fondés en Occident, Carthage prit la défense de ces comptoirs, de ces villes, et, en retour, leur imposa sa suzeraineté. Elle arrêta l'essor des Grecs en Espagne, en Afrique, en Sicile. A son tour, elle créa des colonies. Grâce à ses puissantes flottes, à ses armées composées de mercenaires, soldats qui avaient sans doute bien des vices, mais qui savaient se battre, elle soumit à sa domination la Sardaigne et une grande partie de l'Espagne, elle lutta pendant plusieurs siècles contre les Grecs de Sicile (sans réussir du reste à les chasser de cette île), elle conquit en Afrique un territoire assez étendu (le nord de la Tunisie actuelle) et établit même sa suprématie sur les indigènes vivant au delà de ses frontières. Ses richesses étaient immenses; ses commerçants parcouraient toute la Méditerranée, trafiquaient avec le Soudan, visitaient la Grande-Bretagne et la côte africaine de l'Atlantique (dans un voyage d'exploration, Hannon, amiral carthaginois, atteignit peut-être la côte du Gabon).

La ville de Carthage s'étendait au S. et à l'E. de la colline de *Byrsa* (mot phénicien qui veut dire lieu fortifié), dont le sommet était occupé par la citadelle et par le temple du dieu Echmoun (Esculape, pour les Latins). Il y avait des cimetières sur les pentes S. de cette colline (auj. colline de Saint-Louis), ainsi qu'au pied et dans les flancs des hauteurs qui se succèdent au N.-E. de Byrsa, dans la direction du cap Carthage. Au delà de ces cimetières, vers le N., existait un vaste faubourg, *Mégara*, entrecoupé de grands jardins. Trois lignes de défense, dont la dernière était une épaisse muraille, flanquée de tours, protégeaient à l'O., du côté de la terre, la presqu'île qu'occupaient la ville proprement dite et son faubourg. Un port avait été creusé à l'intérieur des terres, au S. de la colline de Byrsa; il s'ouvrait sur la baie du Khram. Dans cette baie, il y avait probablement un autre port, extérieur, qui devait communiquer par un canal avec le lac de Tunis.

On connaît les longues guerres que Carthage soutint contre Rome. Dans la première guerre punique, elle lui disputa la Sicile, complément naturel de l'Italie, dont Rome venait d'achever la conquête, et, en même temps, porte de la Méditerranée occidentale, dont Carthage voulait rester maîtresse. La seconde guerre punique fut en réalité une longue et vaine tentative de l'homme de génie qui s'appelait Hannibal pour provoquer contre Rome une coalition des Italiens qu'elle avait soumis et des peuples méditerranéens qu'elle menaçait. Cette guerre se termina par la bataille de Zama, que les Romains gagnèrent en Afrique même, et par la destruction de la puissance maritime et militaire de Carthage, réduite à n'être plus qu'une cité africaine, entourée d'une étroite banlieue. Mais, même après cette guerre, elle resta une place de commerce de premier ordre, la plus riche ville du monde, comptant encore 700,000 hab. Les Romains, inquiets, se décidèrent à l'anéantir, en 146 av. J.-C.

Le sol de Carthage fut maudit et une tentative faite par les Gracques pour fonder en ce lieu une colonie échoua devant l'hostilité de l'aristocratie. Carthage fut relevée par César et par Auguste et, grâce à sa position géographique, elle se repeupla rapidement. Capitale de la province romaine d'Afrique, ville de commerce, de luxe, de plaisir et d'étude, elle fut, dans les premiers siècles de notre ère, la première cité de l'Occident latin après Rome. Le christianisme y fut introduit de bonne heure et, par Carthage, se répandit dans le reste de l'Afrique du Nord. Ce fut à Carthage que vécut le fameux écrivain Tertullien, que Ste Perpétue et ses compagnons furent livrés aux bêtes de l'amphithéâtre, que St Cyprien fut évêque et subit le martyre (en 258).

Cette ville fut prise en 439 par les Vandales et devint la capitale de Genséric et de ses successeurs. En 533, le général Bélisaire l'occupa au nom de Justinien, empereur de Constantinople. Les Byzantins la gardèrent plus de cent soixante ans. A la fin du VIIe s., Hassan ben Nomane s'en

CARTHAGE

Cap Kamart
Dj. er Remel
Kamart
Dj. el Khaoui
Behar el Meneg
Dar el Oula
Cons. d'Angleterre
Dar Salah Bey
Sidi Bou Saïd
Cap Carthage
Ruines de l'Aqueduc
St. Pradi
La Malga
Amphithéâtre
Douar ech Chott
Chott el Behira
Borj Djedid
Borj Zouaresh
CARTHAGE
Baie du Kram
Le Kram
Khérédine
LAC DE TUNIS
500 0 kil 1 2 3

empara et la détruisit complètement. Depuis ce temps, Carthage n'est plus qu'un immense champ de ruines, qui a servi de carrière aux habitants de Tunis et même aux Italiens : selon une tradition, la cathédrale de Pise aurait été en partie construite avec des matériaux apportés de Carthage. Le 17 juillet 1270, St Louis, au cours de sa croisade contre Tunis, y vint camper; il y mourut le 25 août.

En 1841 fut bâtie la chapelle commémorative du saint roi, sur la colline qu'on appelle auj. colline de Saint-Louis. Depuis l'établissement du protectorat français, divers édifices religieux s'y élevèrent par les soins du cardinal Lavigerie, qui voulut prendre possession de Carthage au nom de la France chrétienne. Enfin, dans ces dernières années, on a construit des hôtels et des villas qui choquent un peu le visiteur, rempli des souvenirs de Didon, d'Hannibal et de Salammbô.

Les quelques ruines qui subsistent de la Carthage punique et de la Carthage romaine sont fort peu considérables et ne sauraient donner l'idée de ce que furent ces deux villes. On sera dédommagé de cette déception par la beauté du site et l'étendue de l'admirable panorama qu'on a de la colline de Saint-Louis.

Qu'on arrive en chemin de fer ou en voiture, on pourra commencer la visite des ruines par l'*amphithéâtre*, situé à quelques pas de le station de Carthage. Presque aussi grand que le Colisée de Rome, il est fort mal conservé. C'est là que Ste Perpétue et ses compagnons furent mis à mort sous Septime Sévère en 203. En mémoire de ces martyrs, le cardinal Lavigerie a fait dresser au milieu du monument une colonne surmontée d'une croix. Comme au Colisée, il y avait de vastes souterrains sous l'arène; ils ont été en partie déblayés.

Dans le voisinage, on a découvert de nombreuses sépultures romaines (deux cimetières étaient réservés aux employés de l'administration impériale); le mobilier funéraire de ces tombes et les épitaphes sont en grande partie conservés au Musée Lavigerie.

De la station, on monte (à g. de la route, dans la direction du N.-E.) au petit village arabe de *la Malga*, bâti sur de vastes *citernes romaines*. Il y avait jadis 24 compartiments; on n'en compte plus que 14, qui servent d'écuries et d'étables. Ces citernes étaient alimentées par un aqueduc construit sous le règne d'Hadrien, qui amenait les eaux du Djebel Zaghouan, situé à 90 k. de Carthage (*V.* p. 48). Des vestiges de cet aqueduc se voient tout près de là.

St Cyprien fut enseveli dans le voisinage des citernes de la Malga. On croit que sa tombe, sur laquelle fut construite plus tard une grande basilique, était sur la butte appelée *Coudiat-bou-Sessou*, à l'E.-S.-E. du v.; mais la chose est loin d'être certaine. Le cardinal Lavigerie y a fait élever une croix commémorative, semblable à celle de l'amphithéâtre.

Du v. de la Malga, on gagnera le sommet de la *colline de Saint-Louis*, relié directement à la station par une route en rampe assez forte d'env. 1 k. Ce sommet, qui domine la mer de 63 m., appelé *Byrsa* à l'époque punique, paraît avoir été occupé

Amphithéâtre de Carthage. — Cliché de M. J. Valensi.

Palais de Dermèche et Sidi-bou-Saïd. — Cliché de M. J. Valensi.

à l'époque romaine par une vaste cour dallée qu'entouraient des portiques et sur laquelle se dressaient plusieurs temples, entre autres le temple d'Esculape. Aujourd'hui, la colline porte la chapelle de Saint-Louis, le séminaire des Pères Blancs, qui contient un musée, enfin la cathédrale ou primatiale de Saint-Louis, où l'on entrera tout d'abord.

La cathédrale de Saint-Louis, qui a eu pour architecte M. l'abbé Pougnet, a été commencée en mai 1884 et consacrée le 15 mai 1890. C'est un grand monument de style byzantin mauresque, en forme de croix latine, de 65 m. sur 30; sa façade, qui regarde Tunis, est flanquée de 2 tours. Derrière une rosace qui occupe la partie supérieure de la façade a été installé un bourdon de 6,000 kilog. Une vaste coupole entourée de 8 clochetons couvre le chœur, et une plus petite l'abside. Les angles du transsept sont flanqués de 4 tours rondes renfermant les escaliers qui conduisent aux diverses terrasses.

A l'int., les 3 nefs sont séparées par des arcades en fer à cheval, retombant sur des colonnes en marbre de Carrare à chapiteaux dorés; le plafond est orné de caissons aux arabesques sculptées, peintes et dorées; les fenêtres géminées sont décorées de vitraux formés également d'arabesques; aux murs se voient les blasons ou les chiffres des donateurs pour la fondation de la basilique. — Chœur; au-dessus de l'autel (provisoire), fort beau *reliquaire* de bronze doré, exécuté par Armand Cailliat, de Lyon, et représentant la Sainte-Chapelle de Paris; il renferme des reliques du saint roi, provenant de l'église de Monreale en Sicile. — Dans le bas-côté de dr. du chœur, *monument du cardinal Lavigerie*, dont les restes reposent dans la cathédrale, par Crauk.

Pour visiter la chapelle de Saint-Louis et le musée, on longera au N. les bâtiments du séminaire et on gagnera la porte qui regarde l'E. et la mer.

A proximité se trouve l'hôtel de *Saint-Louis de Carthage* (repas 3 fr. 50; ch. 3 fr.). — Il y a un autre hôtel auprès des citernes de Bordj-Djedid (*V.* p. 37).

La *chapelle de Saint-Louis* s'élève au milieu du jardin des Pères Blancs, sur un emplacement concédé à la France par le bey Ahmed. Le monument, qui fut inauguré en 1842 et dont le style pseudo-gothique rappelle celui de la chapelle des princes d'Orléans à Dreux, est de forme octogonale et surmonté d'un dôme.

L'autel, en face de la porte, est surmonté d'une *statue de St Louis*, en marbre blanc, par E. Seurre. A g. de l'autel, une inscription rappelle qu'à la demande de M. Ferdinand de Lesseps, le cardinal Lavigerie a autorisé le transport dans cette chapelle des restes de son père, Mathieu de Lesseps, qui fut consul à Tunis.

Le *Séminaire des Pères Blancs* occupe un des côtés du jardin. Le salon d'attente, dit *salle des Croisades*, est décoré de peintures représentant divers épisodes de la croisade de saint Louis.

Le **Musée Lavigerie**, fondé au séminaire par ordre du cardinal, renferme le produit des fouilles très fructueuses que le R. P. Delattre dirige depuis un quart de siècle à Carthage.

Dans le JARDIN qui entoure la chapelle de Saint-Louis, nombreux *morceaux d'architecture*, débris de statues ou de bas-reliefs, inscriptions latines, païennes ou chrétiennes, coffrets cinéraires trouvés dans des tombes puniques, pierres tombales musulmanes. — En face de la grille d'entrée du jardin, statue colossale de *déesse* (peut-être la déesse Céleste), dont la tête était entourée d'un voile flottant. — Derrière cette statue, série de huit grandes salles voûtées, qui offrent des traces d'une décoration luxueuse (peintures murales, placages en marbre) et que des archéologues considèrent, sans doute à tort, comme ayant appartenu au palais du proconsul romain. Au-dessus s'étendait un long portique, formant probablement de ce côté le front de l'enceinte sacrée qui paraît avoir occupé le sommet de la colline. — Dans l'allée de dr. du jardin, statue de Muse; dans l'allée de g., cheval en pierre.

Au fond de ce jardin, sous un long PORTIQUE qui précède le Séminaire, sculptures colossales en haut relief, trouvées sur la colline de Saint-Louis, près de l'entrée de la cathédrale; elles représentent des *Victoires*, tenant soit une corne d'abondance, soit un trophée, etc.

Le VESTIBULE du séminaire est orné de deux panneaux chrétiens, d'un beau style, mais très mutilés, recueillis dans la basilique de Damous-el-Karita (*V.* p. 38) : l'Ange annonçant aux bergers la naissance du Sauveur; l'Adoration des bergers et des mages.

La SALLE PUNIQUE, qui donne sur ce vestibule, en face de la salle des croisades, est d'un très grand intérêt. C'est là que sont réunis les *objets trouvés dans les tombeaux carthaginois* qui ont été ouverts par le P. Delattre en divers endroits : dans le flanc S. de la colline de Saint-Louis, à Douïmès et près de Sainte-Monique (*V.* plus loin). Les plus anciens sont du VIIIe s. avant J.-C., les plus récents du IIe. Ils nous révèlent une civilisation franchement orientale à l'origine, influencée surtout par l'Égypte, civilisation que pénètrent de plus en plus des éléments helléniques, apportés principalement de Sicile, où les Carthaginois ont été en contact prolongé avec les Grecs.

Les pièces les plus remarquables sont des *sarcophages* tirés de la nécropole punique voisine de Sainte-Monique. Sur les couvercles sont sculptées en haut relief les images des morts (ces images étaient peintes) : — 1° Une *jeune femme* (probablement une prêtresse), tenant de la main droite une colombe; sa tête est couverte d'un voile que surmonte une dépouille d'épervier et une sorte de couronne; sur ses épaules est jetée une pèlerine, consistant en trois bandes d'étoffe superposées; le corps est vêtu d'une tunique légère qu'enveloppent en bas deux grandes ailes croisées; les yeux sont ouverts, l'expression du visage est fine et calme : c'est là une œuvre de premier ordre. — 2° et 3° Deux *hommes barbus* (probablement des prêtres), levant une main dans un geste de prière et tenant de l'autre une cassolette à offrandes; ils sont vêtus d'une longue tunique, sur laquelle est jetée une sorte d'épitoge, tombant de l'épaule gauche. — 4° Une *femme*, dans une attitude de douleur, la tête couverte d'un voile qu'elle écarte de la main. — Le style et le costume de cette dernière image sont purement grecs; dans les autres, le style est également grec, si le costume est carthaginois. Ces sarcophages datent sans doute de la fin du IVe s. av. J.-C., ou du début du IIIe. — Deux couvercles de *coffrets* offrent aussi des images des Carthaginois dont les cendres furent déposées dans ces caisses : l'une de ces figures, gravée, est accompagnée d'une inscription signifiant *Baalchillec, le chef*; l'autre est une sculpture en haut-relief, finement exécutée; le personnage, vêtu comme les deux hommes des grands sarcophages, porte en outre un turban. — Des *stèles* qui étaient dressées au-dessus des tombeaux représentent le mort ou la morte debout, tenant d'une main une cassette de sacrifice et levant l'autre main pour prier.

Dans le *mobilier funéraire*, on remarquera : les amulettes, en pâte de verre, en général de style égyptien : les bijoux; les miroirs; les instruments en bronze de forme allongée, sur lesquels sont gravés des divinités, des palmiers, des animaux divers, etc. (ce sont, selon les uns, des rasoirs, selon les autres, des hachettes, symboles du culte de la hache, répandu chez beaucoup de peuples antiques); les figurines en terre cuite; les masques en terre cuite représentant des hommes grimaçants ou des femmes (V. p. 26); les segments d'œufs d'autruche, sur lesquels sont peints des visages, destinés sans doute à écarter les puissances malignes, etc.

Parmi les *poteries*, très nombreuses, plusieurs imitent des formes d'animaux (sphinx, oiseaux); outre celles qui sont de fabrication locale, il y en a beaucoup qui proviennent de l'étranger (vases de style corinthien à figures d'animaux et à larges rosaces sur fond jaunâtre ou grisâtre; vases en terre noire fumée, fabriqués probablement en Etrurie; céramiques à vernis noir brillant, d'aspect métallique, provenant sans doute d'Italie; quelques vases à figures rouges qui doivent être aussi d'origine italienne). — Sur les murs de cette salle, plusieurs *mosaïques* de l'époque romaine.

La seconde SALLE (à l'extrémité g. du portique qui précède le séminaire) est consacrée spécialement aux *antiquités romaines et chrétiennes*. — Quelques *morceaux de sculpture* intéressants (têtes de Cérès, d'une Fortune protectrice d'une ville, de la déesse Céleste, d'Hercule, d'Apollon, d'Auguste voilé, d'Octavie, sœur de ce prince, de Marc-Aurèle jeune), 2 bas-reliefs en stuc, provenant d'un tombeau du IIe s. (femme à sa toilette; la même femme lisant). — Petit bas-relief en marbre (Amours jouant de la musique et dansant). — *Mosaïques*, les unes païennes (l'Hiver et l'Automne, Hermaphrodite, etc.), les autres chrétiennes (panneaux décoratifs, avec épitaphes, placés sur des tombes). — Nombreux menus objets : très riche collection de *lampes* païennes et chrétiennes, terres cuites (l'une d'elles représente un joueur d'orgue), monnaies, verres, pierres gravées, ivoires (petit buste de Minerve), tablettes de plomb, sur lesquelles sont gravées des formules de sorcellerie pour obtenir la perte d'un ennemi ou le retour d'un amant infidèle. — Quelques boucles de ceinturon et des monnaies françaises du XIIIe s. sont des souvenirs du séjour des croisés à Carthage, en 1270.

Au sortir du jardin, on s'arrêtera quelques instants à contempler le panorama, qui est merveilleux du rebord O. de la colline de Saint-Louis. — A dr., du côté de la Goulette, deux étangs représentent le *port intérieur* de Carthage, qui a été déformé par des travaux de terrassement : il se composait d'une partie rectangulaire et d'une partie circulaire (du côté de la colline de Saint-Louis); dans la partie circulaire, il y avait une île, qui portait les bâtiments de l'Amirauté. — En face, sur le rivage, l'ancien palais de Mustapha-ben-Ismaïl, dit *palais de Dermèche*, appartenant au bey actuel, qui y a fixé sa résidence d'été (ne se visite pas), a été construit sur l'emplacement d'un vaste édifice qui paraît avoir été des thermes. — A g., se développe une suite de hauteurs, colline de Junon, plateau de l'Odéon, colline de Bordj Djedid, plateau de Sainte-Monique. — Au delà de ce premier plan, horizon étendu. Au N.-E., le cap Carthage couronné du village de Sidi-bou-Saïd. A l'horizon, les îles lointaines de Zembra et de Zembretta. En face, le golfe que borne la belle ligne de la péninsule du cap Bon. Sur la dr., les silhouettes caractéristiques du Dj. Bou-Korneïn, au pied duquel s'étale Hammam-Lif, et du Dj. Ressas; plus loin, celle du Dj. Zaghouan, d'où venaient les eaux de la Carthage romaine. Plus à dr. encore, la Goulette, le lac et son canal, à l'extrémité duquel apparaît Tunis. Sur la g., au delà de Sidi-Bou-Saïd, la Marsa, blottie dans la verdure, que dominent au S. les pentes couvertes par le vignoble de l'Archevêché, au N. la colline de Kamart jusqu'où s'étendaient les nécropoles antiques.

[En descendant le long du flanc S. de la colline de Saint-Louis, on rencontrera des vestiges de diverses époques, dans des tranchées faites par le P. Delattre : tombeaux puniques construits en grandes pierres; série d'absides semi-circulaires, qui ont été faites pour soutenir la partie de la colline qui les domine; vestiges d'un rempart élevé autour de la colline à une basse époque, probablement au début du ve s.

Dans le flanc S.-E. de la même colline (sous l'hôtel *Saint-Louis*) a été trouvé, en 1895, un *caveau* qui peut être visité (avec l'autorisation des Pères Blancs, qui en ont la clef). Il consiste en un couloir et en une salle voûtée rectangulaire, où l'on voit une peinture représentant un homme debout, la tête entourée d'un nimbe. Ce saint est flanqué de plusieurs autres personnages, à peine distincts. A g., le couloir a été mis en communication avec une citerne plus ancienne, qui a été convertie en annexe de la salle. Quel souvenir pieux s'attachait à ce caveau? Quel saint y vénérait-on? Nous l'ignorons. Peut-être était-ce un cachot où quelque martyr avait été enfermé avant d'être conduit au supplice.]

De la colline de Saint-Louis, on peut se rendre (direct. N.-E.) aux *grandes citernes de Bordj Djedid*. Elles consistent en 17 chambres parallèles, de 30 m. de long. sur 7 m. 50 de large, flanquées de deux galeries latérales. Construites au IIe s. de notre ère (probablement en même temps que l'aqueduc du Zaghouan), elles ont été restaurées pour contenir l'eau nécessaire à la ville de la Goulette.

[Un grand nombre de *tombeaux puniques*, appartenant pour la plupart aux VIIe et VIe s. av. notre ère, ont été trouvés, par le P. Delattre et par le Service des Antiquités au S. et au S.-E. de ces citernes, dans les quartiers de *Douimès* et de *Dermèche* (les objets recueillis sont au Musée Lavigerie et à celui du Bardo). Le nom de Dermèche vient de *thermis*; on voit en effet, sur le bord de la mer, des vastes ruines en blocage, ayant appartenu à des thermes construits sous le règne d'Antonin le Pieux.

Dans ce même quartier de Dermèche, on a déblayé, en 1899, une *église byzantine*, dont il ne reste plus guère que les fondations. Elle mesurait env. 35 m. de long. L'intérieur était partagé en 5 vaisseaux par des colonnes prises à des édifices plus anciens. L'autel se trouvait au milieu de la nef centrale et était isolé par des balustrades. Au fond, une abside semi-circulaire, espace réservé au clergé. — A g. de cette église, plusieurs annexes : 1° un baptistère, dont la piscine, de forme octogonale, était entourée de colonnes de granit et de marbre; 2° une chapelle à abside : en avant de cette abside, on a découvert un tombeau (de saint), qui était sans doute surmonté d'un autel; 3° des salles diverses, peu distinctes. Il y avait des pavements en mosaïques ornementales dans l'église et dans plusieurs parties des dépendances.

Plus au S. encore, entre le palais beylical et la colline de Saint-Louis, des fouilles ont amené la découverte de plusieurs milliers d'ex-votos, portant des images symboliques et des délicaces puniques à la déesse Tanit Pené-Baal et au dieu Baal Hammon; beaucoup sont aujourd'hui à la Bibliothèque Nationale, à Paris. Non loin, à 150 m. N. de l'ancien port, on a trouvé en 1903 des milliers de projectiles (boulets en pierre, balles de fronde en terre cuite), qui formaient l'approvisionnement d'un arsenal punique.]

Revenant à l'O., jusqu'au pied de la colline de Saint-Louis, on prendra un chemin qui coupe la *colline* dite *de Junon* entre deux couvents. Cette colline a été ainsi nommée parce qu'on a supposé, sans motif plausible, qu'elle portait le temple de Junon Céleste, principale divinité de Carthage. — Sur la hauteur à g. du chemin, des fouilles récentes du Service des Antiquités ont mis au jour les substructions d'habitations romaines, où l'on a découvert des mosaïques à figures (au Musée du Bardo), et les vestiges d'un petit oratoire chrétien, appartenant peut-être à un monastère. Des inscriptions tracées sur le pavement en mosaïque de ce sanctuaire nomment plusieurs martyrs (entre autres St Etienne), dont des reliques devaient être conservées en ce lieu. On reconnait encore le tracé d'une rue pavée sous laquelle était construit un égout.

On parvient ainsi au *plateau de l'Odéon*, où se trouve une *nécropole punique* de basse époque (IIIe-IIe s. av. J.-C.), que le Service des Antiquités a fouillée partiellement. En cet endroit, les Romains ont construit un *théâtre* dont on distingue fort bien la courbe (des fouilles récemment exécutées ont permis d'en reconnaitre quelques parties), et un *odéon*, qui a été en partie déblayé en 1900-1901 : l'édifice, qui avait la forme d'un petit théâtre, était décoré avec un grand luxe (dallages et placages en marbres divers, colonnes, entablements sculptés) et on y a trouvé de nombreuses statues; mais il est en si mauvais état qu'il n'offre actuellement que peu d'intérêt. Près de là, à l'O. du théâtre, monument circulaire présentant plusieurs galeries concentriques; on ignore sa destination.

En poursuivant dans la direction du N., on arrive aux ruines de *Damous-el-Karita*, situées auprès du cimetière des Pères Blancs. Fouillées par le P. Delattre, elles occupent le milieu d'une vaste nécropole chrétienne. Il n'en reste guère que les fondations. — Au N.-E., contre le cimetière, on voit les traces d'une *chapelle* en forme de trèfle, qui était richement décorée. Il y avait des tombes (sans doute des tombes de saints) dans les trois absides. De vagues traces de bâtiments se voient aux abords. — Plus tard, on construisit auprès de cette chapelle une vaste *basilique*. Cet édifice mesurait 65 m. de long sur 45 de large; la porte principale regardait le N.-O. Au fond, au S.-E., il y avait une grande abside, plus élevée que le sol de l'église (l'hémicycle que l'on voit en avant de cette abside est de très basse époque). Une autre abside existait au S.-O., en face de la porte conduisant à la chapelle tréflée.

Après la construction de la basilique, on continua à faire des ensevelissements en ce lieu. Des milliers de fragments d'épitaphes chrétiennes y ont été trouvés.

Une cour semi-circulaire s'étendait au N.-E. de la basilique et la reliait à la chapelle tréflée. Au S.-O. de la basilique, une grande salle, partagée en plusieurs vaisseaux, était un *baptistère*; la piscine, bien distincte, est de forme hexagonale. — Dans le voisinage immédiat de ces bâtiments, on voit des ruines diverses, dont la nature est, en général, difficile à déterminer (chapelles, oratoires, mausolées, etc.); partout on a retrouvé des tombes.

Les Arabes appellent ce lieu Damous-el-Karita, expression qui est peut-être une corruption de *domus caritatis* (maison de charité). Nous ignorons le nom des martyrs qui furent ensevelis dans la chapelle tréflée et en l'honneur desquels on éleva la basilique.

[A l'E. de Damous-el-Karita et au N. de la colline de Bordj Djedid, le P. Delattre fouille, depuis plusieurs années, un grand *cimetière punique*, qui date des IVe et IIIe s. avant notre ère. Les sépultures sont des caveaux creusés dans le tuf, auxquels on accédait par des puits très profonds. Comme les puits sont comblés après les fouilles, la visite de ce cimetière ne présente pas d'intérêt. C'est de là que proviennent les sarcophages sculptés et une bonne partie du mobilier funéraire exposés dans la salle punique du Musée Lavigerie (*V.* ci-dessus p. 36).]

Pour aller de Carthage à la Goulette par le ch. de fer ou la route carross., *V.* ci-dessus, p. 29. — Les piétons suivront les petits chemins qui ne manquent pas sur le flanc S.-E. de la rangée des collines et qui les conduiront au Khram en passant à proximité du palais beylical et des ports de Carthage; de là, ils longeront le rivage.

La Goulette (hôt. *de France*, modeste; cafés), de l'italien *Golela* qui traduit l'arabe *Foum* ou *Halk-el-Oued*, la bouche ou le gosier de la rivière, est une petite V. de 5,000 hab., bâtie sur la langue de sable qui sépare le lac de la mer; cette langue a été coupée, de toute antiquité, par un étroit canal qu'a doublé, il y a quelques années, le chenal maritime de Tunis. — La ville comprend 2 quartiers, chacun d'eux desservi par une station : — la *Goulette-Ancienne* au S., où se trouvent, sur la rive dr. de l'ancien canal, deux palais et un arsenal beylicaux désaffectés, et sur la rive g., une Kasba, vieille forteresse hispano-turque transformée en caserne; — la *Goulette-Neuve*, au N.

La Goulette joua un rôle important au XVIe s. Emportée par Charles-Quint en 1535, elle fut puissamment fortifiée par les Espagnols et devint leur place d'armes et le point d'appui de leur domination en Tunisie. Bien que ses défenses eussent été renforcées en 1573 par don Juan d'Autriche, à la suite de sa victoire de Lépante, elle fut reconquise de haute lutte l'année suivante par les Turcs de Sinan-pacha après un siège mémorable. — St Vincent de Paul fut captif au XVIIe s. dans son bagne ou *karaka*.

La Goulette était un port actif et florissant avant le creusement du chenal maritime; voyageurs et marchandises en provenance ou à destination de Tunis devaient en effet s'y embarquer ou y débarquer. C'est maintenant un centre sans aucune importance commerciale, bien qu'on ait doublé sa vieille darse d'un bassin nouveau, plus vaste et plus profond, et qu'on y ait créé un poste pour torpilleurs. La flottille de pêche y compte une centaine de bateaux, qui opèrent les uns sur le lac, les autres dans le golfe. A la saison chaude seulement, La Goulette prend de l'animation comme station de villégiature estivale et de bains de mer. Jusqu'à 2 k. 500 au N. de la Kasba, établissements balnéaires et villas se succèdent le long de la plage, formant, au delà de la Goulette-Neuve, les deux groupes de *Khéreddine* et du *Khram* (haltes du ch. de fer; *casino* ouvert à la saison des bains au Khram).

[Un bac à vapeur (traversée gratuite) permet de passer de la Goulette sur l'autre rive du chenal maritime, où l'on trouve une bonne route empierrée qui conduit à (6 k.) Radès (*V.* p. 42), d'où l'on pourra regagner Tunis, après avoir parcouru le complet circuit du lac.]

Pour aller de Carthage à la Marsa par le ch. de fer ou par la route carross., *V.* ci-dessus, p. 29. — Les piétons prendront un chemin qui passe auprès des citernes de Bordj Djedid et suit la crête des hauteurs (très belle vue), bifurquant à dr. sur (3 k.) Sidi-bou-Saïd, à g. sur (4 k.) la Marsa.

[Le v. indigène de *Sidi-bou-Saïd*, étalé en amphithéâtre sur le flanc S.-O. de l'éperon de 130 m. d'alt. qui se termine au *cap Carthage*, est pittoresque au possible; il a conservé toute sa couleur locale. — A l'extrémité N. se trouve un *phare*, d'une portée de 24 milles, installé en 1840 et le plus ancien des phares tunisiens; c'est du sommet de sa tour massive qu'on jouit le plus complètement du panorama, qui est magnifique.

Sidi-bou-Saïd est relié par une route empierrée (forte pente en arrivant au v.) à (2 k. 5) la station de la Marsa. Les piétons préféreront gagner la Marsa par les sentiers qui descendent du phare en contournant le vignoble de l'Archevêché et en suivant à flanc de coteau le rivage.]

La Marsa (café-restaurant) est une agréable station estivale et balnéaire avec villas et jardins, plage fraîche et bien encadrée.

Là se trouvait la résidence du bey prédécesseur du souverain actuel; c'est une grande construction sans caractère dont dépendent de beaux jardins (peuvent être visités sur autorisation donnée par l'administrateur de la liste civile, à Tunis). — Le Résident général et les consuls étrangers ont à la Marsa des habitations d'été. L'archevêché y possède deux vastes villas dans un important vignoble créé par le cardinal Lavigerie (vin muscat estimé) sur les pentes qui dominent le v. au S.-E.

[Au N.-O., hauteurs sablonneuses du *Dj. Khaoui* (101 m. et de *Kamart*, creusées de nombreux caveaux funéraires, où les tombes sont disposées comme des fours. C'était la nécropole des juifs établis à Carthage pendant la domination romaine.]

La Goulette. — Cliché de M. J. Valensi.

Sidi-bou-Saïd. — Cliché de M. J. Valensi.

De la Marsa à Sidi-bou-Saïd, *V.* ci-dessus; — à Tunis par la Soukra et l'Ariana, *V.* ci-dessous, 3°.

3° L'Ariana et le Soukra.

13 k. — Bonne route empierrée. — Tram électr. concédé, pour être mis en service au plus tard fin 1905. — On pourra combiner cette course avec celle de Carthage et de la Marsa (*V.* ci-dessus, 2°), ce qui permettra d'effectuer l'aller et le retour de cette dernière par des itinéraires différents.

2 k. de Tunis au Belvédère (*V.* p. 21). — La route suit la direction du N., au travers d'olivettes et de jardins.

6 k. 5. **L'Ariana,** lieu de villégiature (nombreuses maisons de campagne) pour les indigènes aisés de Tunis, spécialement pour les israélites. — On laisse le v. à g. et on prend à dr. peu avant les premières maisons.

La route, qui court désormais en direction N.-E., traverse d'abord des olivettes, puis des terrains sablonneux, où végètent quelques vignobles.

13 k. **Plaine de la Soukra.** — A peu de distance au N. de la route s'étend la *Sebkha-er-Riana*, vaste bas-fond qu'inondent les eaux de la mer et où elles déposent des couches de sel assez épaisses pour faire l'objet d'une exploitation active; un chemin de fer Decauville relie les chantiers à la station de Sidi-Daoud sur la ligne de la Marsa.

[De la Soukra, la route se poursuit, en direct. E., jusqu'à (18 k. de Tunis), la route de Tunis à la Marsa, à la hauteur de la bifurc. de la Malga (20 k. jusqu'à la Malga et 21 k. 5 jusqu'à la Marsa; *V.* p. 29).]

4° Radès et Hammam-Lif.

Ch. de fer (gare française); trains assez nombreux. — 10 k. en 18 min. jusqu'à Radès pour 1 fr. 10, 85 c. et 50 c. — 17 k. en 30 min. jusqu'à Hammam-Lif, pour 1 fr. 90, 1 fr. 45 et 75 c. — Pour descendre aux arrêts de Mégrine et de Saint-Germain, aviser le chef de train. — Bonne route empierrée, qui laisse Radès à g., mais à laquelle ce v. est relié par deux embranch. également empierrés de 3 k. env. aux k. 7,5 et 11.

La voie ferrée s'écarte à g. de celle d'Algérie et se développe entre les terrains gagnés sur le lac et la colline de Sidi-bel-Hassen dont on aperçoit le marabout à dr. (*V.* p. 22).

4 k. *Djebel-Djelloud*, bifurc. des lignes du Mornag, de Zaghouan et du Kef, à dr. (*V.* p. 44). — On traverse des terrains salés, inondés à la saison pluvieuse, puis des cultures et des vignes. Sur la dr., v. de Sidi-Fathalla et plaine du Mornag, que dominent les Dj. Bou-Kornein et Ressas; sur la g., au delà du lac, Carthage et la Goulette.

6 k. *Mégrine*, vaste exploitation agricole. On suit les bords marécageux du lac, souvent animés par des flamants roses.

10 k. **Maxula-Radès.** Le v. indigène de Radès s'étage à dr. de la voie au penchant d'une colline, d'où l'on jouit d'une vue

admirable; à son extrémité N., belle *villa Landon*. Un v. européen, qui s'est porté héritier de l'antique *Maxula*, se constitue rapidement au bas, sur la g. de la voie. Une bonne route empierrée conduit à (moins de 2 k.) une plage agréable sur le golfe de Tunis (installations balnéaires dans la belle saison; petit tram pour 10 c. et 15 c.).

De Radès à la Goulette et à Carthage, *V.* p. 40.

Au delà de Radès, trajet en plaine à faible distance du rivage du golfe; on traverse l'*Oued Miliane*. — 14 k. *Saint-Germain*, v. européen en formation.

17 k. **Hammam-Lif** (café-restaurant), qui s'appelait dans l'antiquité *Naro*, est un coquet v. européen enserré entre la mer et les contreforts du Dj. Bou-Kornein. Il tire son nom d'une propriété de ses eaux thermales chlorurées sodiques (Hammam-Lif veut dire *bains du nez*; ces sources s'appelaient dans l'antiquité *Aquæ Persianæ*). — Petit établissement comportant quelques cabines de bains, une piscine et des douches. — Bains de mer (plage bien exposée au N.) et station de villégiature estivale en voie de développement. — *Casino* ouvert à la saison chaude et très fréquenté des Tunisiens. — Ancien palais beylical. — Restes informes de *thermes* et d'une *synagogue* antiques.

[**Le Djebel Bou-Kornein** (576 m.; mont., 2 h.; desc., 1 h.; recommandé). — Les flancs N. de la montagne ont été reboisés en pins d'Alep par le Service des Forêts. Un sentier tracé par celui-ci conduit jusqu'au sommet du piton le plus élevé, celui de l'O., que couronne un signal géodésique (vue magnifique et très étendue). — M. Toutain y a trouvé les restes d'un autel, qui était jadis entouré d'un grand nombre de stèles votives dédiées au dieu *Saturnus Balcarnensis*; beaucoup de débris en ont été recueillis. — Un autre piton, à l'E., est moins élevé de 80 m.

D'autres sentiers moins bien tracés, mais pittoresques, sillonnent le massif : le plus intéressant, qui passe entre les deux pitons, permet de gagner Crétéville (*V.* p. 41).]

Les cyclistes et les automobilistes pourront pousser jusqu'à (24 k.) Potinville et (39 k.) Grombalia, d'où ils regagneront Tunis par le Khanguet et le Mornag (*V.* p. 44).

D'Hammam-Lif à la Zaouïa (Mornag), *V.* p. 44.

5° Le Mornag.

28 k. — Ch. de fer en 1 h. 35 (peu commode à raison de la lenteur et du petit nombre des trains), 2 fr. 80, 2 fr. 10, 1 fr. 40. — Bonne route empierrée sur laquelle s'amorcent d'autres chemins généralement bons qui permettent de suivre au retour un itinéraire différent de celui de l'aller. — Pour combiner l'excursion du Mornag avec celle d'Hammam-Lif, *V.* ci-dessus et ci-dessous (les billets d'aller et ret. Tunis-Crétéville peuvent être utilisés entre le Khanguet et Tunis moyennant un supplément, et ceux Tunis-Khanguet entre Crétéville et Tunis sans supplément; d'autre

part, il est possible en voiture, en une journée bien employée, de traverser le Mornag jusqu'à la mine du Dj. Ressas, de gagner de là Hammam-Lif par la Zaouïa, de pousser jusqu'à Potinville et de revenir à Tunis), et avec celle de Zaghouan, *V.* p. 45 et 48.

On désigne sous le nom de **Mornag** une plaine de plusieurs milliers d'hectares (importants vignobles) qui s'étend au S.-E. de Tunis, le long du cours inférieur de l'Oued Miliane; une promenade de ce côté ne manquera pas d'intéresser les touristes désireux de se renseigner sur notre œuvre colonisatrice en Tunisie. — Les belles formes des montagnes qui bordent l'horizon (Dj. Bou-Korneïn, Ressas et Zaghouan) ajoutent à l'agrément de l'excursion.

Après avoir suivi la route d'Hammam-Lif jusqu'à Djebel-Djelloud (*V.* p. 42), on prend à dr. et on passe auprès du v. de *Sidi-Fathalla* (à dr.). La voie ferrée emprunte la ligne de Zaghouan jusqu'à (8 k.) Bir Kassa, puis rejoint la route de terre qu'elle suit en accotement.

11 k. Traversée de l'Oued Miliane, puis vastes olivettes. — Vers le k. 14,5, route empierrée à g. sur (8 k.) Hammam-Lif. — 15 k. *La Zaouïa.* — 17 k. *La Cebala.*

21 k. **Haut-Mornag** ou **Crétéville**, du nom d'un des principaux colons de la région, terminus actuel du ch. de fer. — Vignobles étendus.

[A g., route empierrée sur (16 k.) la station de Khanguet et (18 k.), Grombalia (*V.* le guide d'*Algérie*). — Cette route suit le *Khanguet-el-Hadjadj* (le défilé des pèlerins, emprunté par l'anc. route de Sousse, par où passaient les pèlerins de la Mecque), dépression pittoresque entre le Bou-Korneïn et le Ressas, où l'on a voulu voir, à tort sans aucun doute, le *défilé de la hache*, théâtre du suprême épisode de la guerre des mercenaires. Au départ de Crétéville, pentes assez rapides, mais courtes, suivies de descentes généralement douces. Vignobles dominés par des broussailles que conquièrent peu à peu les défrichements.]

23 k. *Ahmed-Zaïd.* — 27 k. *La Fonderie.*

28 k. *La Laverie*, au pied du Dj. Ressas. — Orphelinat agricole de filles de l'abbé Boisard. — Installations minières.

[**Le Djebel Ressas** (795 m.; mont., 3 h.; desc., 1 h. 30). — Cette cime, dont le nom signifie la *montagne de plomb*, est un dôme de calcaires jurassiques aux flancs abrupts; une maigre forêt recouvre les pentes inférieures; tout le haut n'est que rochers à pic. Une grande faille, qui se raccorde à celle du Dj. Zaghouan (*V.* p. 48), coupe les calcaires à l'O.; dans des cassures perpendiculaires à cette faille se sont amassés des dépôts de galène (plomb) et de calamine (zinc), qui sont actuellement exploités assez activement.

De la Laverie, on se rend, par un chemin à peu près carross., au village ouvrier situé au N.-E., d'où l'on rétrograde au S. pour atteindre le palier qui se trouve à peu près au milieu du plan incliné servant au transport des minerais. De ce point, des sentiers miniers mènent au sommet. La vue y est magnifique.

On abrégerait considérablement en obtenant de l'administration de la mine l'autorisation de prendre place à la montée jusqu'au palier dans un des vagonnets remorqués à vide sur le plan incliné.

Au delà de la Laverie, la route empierrée se prolonge par la vallée de l'*Oued-el-Hamma*, affluent du Miliane, entre des hauteurs couvertes de hautes broussailles. A la tête de la vallée se dressent les escarpements rocheux du *Dj. Sidi-Zid* (751 m.) et du *Kef-et-Tihala* (668 m.); trajet pittoresque, pentes bien ménagées. S'élevant peu à peu, on contourne par l'O. le Dj. Sidi-Zid (ascens. facile en 2 h.; beau panorama) et on passe dans la vallée de l'*Oued Zid* qui devient plus bas l'*Oued Ramel*, sur le versant du golfe d'Hammamet.

51 k. *Sainte-Marie-du-Zid*, orphelinat agricole de garçons de l'abbé Boisard. — Ruines importantes à proximité : vestiges d'une église flanquée à g. d'un baptistère en forme de croix; on y a trouvé d'intéressantes mosaïques chrétiennes et un devant de sarcophage représentant les Grâces et les Saisons (conservé au Musée Alaoui). — A 8 k. S., à *Henchir Harat*, l'ant. *Segermes*, autres grandes ruines, église chrétienne.

De Sainte-Marie à Zaghouan et à Hammamet, *V.* p. 48.

6° Oudna et Zaghouan.

62 k. jusqu'à Zaghouan. — Ch. de fer en 2 h. 45; 6 fr. 95, 5 fr. 25, 3 fr. 70. — Bonne route empierrée plus courte de quelques k. — Excursion d'un j. si l'on visite seulement les sources: on partira de Tunis par le train de la veille au soir, si l'on veut monter au Poste optique; il faudra 2 j. entiers pour faire à la fois le Poste optique et le Ras-el-Kasa. — A combiner avec le Mornag pour cyclistes et automobilistes (*V.* p. 43 et ci-dessous).

24 k. jusqu'à Oudna; traj. en 1 h. 10 pour 2 fr. 70, 2 fr. 05 et 1 fr. 45. — Voit. partic., prix à débattre, de 20 à 25 fr. — Provisions.

A. Par le chemin de fer. — 4 k. jusqu'à Djebel-Djelloud (*V.* p. 42). — On longe à l'O. la plaine du Mornag. — 8 k. *Bir-Kassa*, bifurc. à g. sur Crétéville (*V.* p. 44). — 13 k. *Nassen*, centre de colonisation. A g., Dj. Bou-Korneïn et Ressas; en avant, au S., Dj. Zaghouan. On franchit l'Oued Miliane. — 20 k. *Kledia*. En avant, sur la dr., arcades de l'aqueduc romain de Zaghouan à Carthage, qui franchissait ainsi la large et profonde dépression de la vallée du Miliane; construit sous Hadrien, ce magnifique ouvrage fut à plusieurs reprises endommagé et restauré; le plus grand nombre des arcades est encore debout; leur hauteur vers la traversée de l'oued dépasse 20 m. L'aqueduc actuel ne les utilise pas et passe la vallée en siphon (*V.* p. 17).

24 k. Oudna. Les ruines sont à peu de distance à g.

Oudna fut une ville prospère à l'époque romaine, colonie dès le début de l'Empire, sous le nom d'*Uthina*.

Sur une colline, vers le centre des ruines, que couronne maintenant la maison d'un colon français, *forteresse* de 52 m. sur 27, dont les salles basses ont été aménagées en chais. Tout auprès : à l'O., monument à 3 absides et *citernes* de 65 m. sur 23; au S., thermes, semble-t-il. — En allant vers l'O., piliers d'un *aqueduc*; autres *citernes* de 7 compartiments parallèles et d'un 8ᵉ perpendiculaire, longs de 37 m. — Vers le S., *basilique* avec crypte circulaire; pieds-droits d'un arc de triomphe; *théâtre* encore reconnaissable. — Vers le N.-E., restes d'un *pont* de 3 arches sur un affluent de l'Oued Miliane. — Vers l'E., vestiges d'un *amphithéâtre* de 100 m. sur 80.

Les *maisons* d'Uthina étaient très souvent ornées de belles mosaïques. Le Service des Antiquités en a dégagé un assez grand nombre, qui sont maintenant conservées au Musée Alaoui (*V*. p. 21 et 26).

De la colline centrale, beau panorama sur la plaine du Miliane et les ruines imposantes de l'aqueduc de Zaghouan, qu'on aperçoit sur la gauche.

28 k. *Bou-er-Rebia*. On coupe l'aqueduc, dont la ligne suit désormais à peu près le tracé.

36 k. *Djebel Oust*.

[Trois embr. empierrés en patte d'oie relient cette station à la route de Tunis à Pont-du-Fahs (*V*. ci-dessous, *B*), desservant les centres de colonisation de (5 k. N.-O.) *Redir-es-Soltane*, (1 k. O.) *Aïn-el-Asker*, auprès des grandes ruines de *Sutunurca*, et (11 k. S.-O.; serv. de voit.) *Bir-Mcherga* (aub.), proche les ruines de *Giufi*.

La visite de ce dernier centre, que relie directement à (42 k.) Tunis la route (empierrée jusque-là) de Pont-du-Fahs (*V*. ci-dessous *B*), sera, ainsi que celle du centre analogue de la Mornaguia sur la route du Kef, de nature à intéresser les touristes désireux d'étudier les procédés tunisiens de colonisation et de les comparer avec les méthodes algériennes. Bir-Mcherga doit son existence à la mise en vente, à bureau ouvert, par le Service de la Colonisation, d'assez nombreux lots de terres de culture, sur chacun desquels les acquéreurs se sont installés à distance les uns des autres. Le centre constitue ainsi, non un village aggloméré comme on en voit en Algérie, mais un groupe passablement dispersé de fermes et d'exploitations rurales.

A 7 k. O. de Bir-Mcherga, ruines importantes à *Henchir Boucha*.]

La voie monte au travers de broussailles le long du flanc O. du *Dj. Oust* (396 m.), puis descend sur la plaine de Smindja. — Vue sur la chaîne de Zaghouan et la ville qu'on aperçoit sur la g. à son extrémité E.

49 k. Smindja, bifurc. de la ligne du Kef et de Kalaa-es-Senam, à g.

[A 15 k. S.-O. (ch. de fer en 35 min. pour 1 fr. 65, 1 fr. 30 et 90 c.), *Pont-du-Fahs*, au débouché de la riche plaine du *Fahs-er-Riah*, à 18 k. S. env. (piste carrossable par temps sec) de Bir-Mcherga (*V*. ci-dessus). — Sur cette piste, à 3 k. N. de la stat., à *Henchir Kasbat*, grandes ruines de *Thuburbo Majus*, colonie dès le début de l'Empire, sur un plateau que borde au S. le Miliane : 3 *portes*, dont celle du N. est bien conservée; 2 *temples*, dont l'un, dédié à Mercure, est de forme circulaire; thermes, citernes, basilique, forteresse byzantine, mausolées.]

La ligne s'infléchit à l'E. — On coupe la conduite d'amenée des eaux du Bargou (*V*. p. 47), qui se déverse dans l'aqueduc en aval de sa bifurcation en deux branches.

57 k. *Moghrane*, au confluent des deux branches de l'aqueduc, dont on laisse à dr. l'occidentale, qui est celle de Djoukar. Vaste domaine ayant appartenu aux Humbert-Daurignac.

On gagne, en rampe assez forte, les olivettes qui s'étendent au bas de la ville de Zaghouan.

62 k. Zaghouan (*V*. ci-dessous; la station se trouve à 1 k. env. de la ville et en contre-bas; route d'accès en rampe accentuée).

B. Par la route. — Sortant de Tunis par l'avenue de Carthage, on suit la ligne du tram de Sidi-bel-Hassen et, après les Abattoirs, on appuie sur la dr. La route s'élève sur la croupe qui sépare le lac de Tunis du Sedjoumi, descend sur l'extrémité S. de ce bassin et remonte à (15 k.) *la Mohammedia* (ruines d'un vaste palais et de bâtiments militaires construits par le bey Ahmed). De là descente sur la vallée du Miliane, en suivant le tracé de l'aqueduc. — Si l'on veut aller à Oudna, on prendra à g., au pont sur l'Oued Miliane, la piste qui longe l'aqueduc, puis on appuiera de nouveau sur la g. — On rejoint la voie ferrée à Bou-er-Rebia, mais on s'en écarte de nouveau au pied du Dj.

Porte antique à Zaghouan. — Cliché de M. J. Valensi.

Oust, que la route contourne par le flanc opposé; assez forte rampe. Autre rampe à l'arrivée à Zaghouan.

Une autre route empierrée (celle de Pont-du-Fahs; sortir de Tunis par Bab-el-Allouch ou par Bab-Sidi-Abdallah et prendre à g., après Mélassine, par le passage à niveau) permet de gagner, par (12 k.) *Bou-Nouara* (tracé assez accidenté) et (34 k.) Bedir-es-Soltane, grâce à un embranchement signalé p. 46, qui s'en détache à g., la (39 k.) stat. de Djebel-Oust, d'où l'on rejoint (2 k. env. de piste cyclable par temps sec) la route de Zaghouan.

Zaghouan (hôt. *de France*) est une petite V. de 2,000 hab., qui a succédé à un centre antique, peut-être *Onellana*. Il ne reste debout qu'une *porte monumentale* (à l'entrée de la ville actuelle en venant de la station).

L'éperon sur lequel est situé Zaghouan (250 m. d'alt.) est séparé par un petit vallon des immenses escarpements rocheux qui terminent au N.-E. le massif du Dj. Zaghouan. Les terrains en contre-bas, arrosés par des eaux distraites des sources, sont de beaux jardins d'arbres fruitiers ou des olivettes.

[Le massif, partie jurassique, partie crétacé, du **Djebel Zaghouan**, d'une altitude relative considérable, est fait pour attirer l'attention des touristes.

On ne manquera pas de visiter les **captations des sources** (se faire accompagner du gardien qui réside à Zaghouan ou en obtenir la clef; petite rétrib.). — La plus rapprochée est celle qui a été opérée lors de la restauration de l'aqueduc au cours du XIXe s. (V. p. 17; moins de 15 min., soit en remontant le vallon au S. de la ville, soit en suivant le sentier qui sort du quartier près de la caserne des tirailleurs, qu'on laisse à dr.). Elle se trouve au pied d'une gigantesque muraille de rochers; les eaux sont réparties en deux fractions très inégales, la plus considérable étant déversée dans l'aqueduc de Tunis, l'autre laissée aux gens de Zaghouan. — A g., sentier du Poste optique (V. ci-dessous).

En longeant le bas des escarpements sur moins de 1 k. au S.-O., on arrive à l'autre captation, qui date de l'époque romaine et dont le débit est devenu à peu près insignifiant. Le **château d'eau ou nymphée** qui y avait été édifié est un des monuments antiques les plus remarquables de la Tunisie. C'est un hémicycle de 30 m. de largeur, bâti sur une plate-forme, en arrière d'un bassin presque ovale, qui recueillait les eaux de la source et les transmettait à l'aqueduc; au centre de la courbe s'élève un *temple* ou une grande niche cintrée qui contenait jadis la statue de la divinité protectrice de la source. Les deux ailes présentaient des colonnades; des niches ménagées dans les parois abritaient des statues.

Les touristes disposant de 4 à 5 h. combineront la promenade aux sources avec l'ascension du **Poste optique** (975 m.; se munir, auprès du commandant d'armes, à Zaghouan, d'une autorisation sur laquelle le caporal de service accordera l'usage des lunettes; bourricot ou mulet, 1 fr. 50 à 2 fr.). De la captation moderne, le sentier (à g.) grimpe au travers de rochers abrupts (mont., 2 h. env.). D'en haut, vue magnifique, masquée au S.-O. seulement par le Ras-el-Kasa. Le Poste optique peut communiquer avec le Kef à l'O., Tunis au N., Sousse et Kairouan au S.-E.

L'ascension du point culminant ou **Ras-el-Kasa** (1,295 m.) demande une journée entière (mont., 5 h. env.; mulet possible jusqu'à Sidi-bou-Ghobrin, 3 à 4 fr.; guide nécess., qu'on trouvera à Sidi-bou-Ghobrin; provisions). On se rend au nymphée, puis on continue le long des escarpements, par un sentier bien tracé. — 2 h. 30 à 3 h. *Zaouïa de Sidi-bou-Ghobrin* (660 m.). Non loin de là, installations minières pour l'exploitation de gisements zincifères— Au delà de la zaouïa, l'ascension devient pénible; cheminées et escaliers fort rudes. — Du sommet, la vue est admirable et s'étend sur un horizon à peu près illimité.

De Zaghouan à Hammamet (47 k.; route empierrée jusqu'à Sainte-Marie, piste carross. par temps sec au delà; les cyclistes et automobilistes venus à Zaghouan par la route pourront regagner Tunis par Sainte-Marie et Crétéville, 71 k.), — 10 k. *Beni-Derradj*. — 17 k. Sainte-Marie-du-Zid (V. p. 45). — 22 k. *Bir-Slouguia*. — 32 k. *Sidi-Djedidi*. — 42 k. On coupe la ligne et la route de Sousse à quelques k. au S. de Bir-bou-Rekba.

47 k. Hammamet (V. le guide d'*Algérie*).

Distances, par la route, de Tunis à : Bizerte, 63 k.; Hammamet, 64 k.; Teboursouk (Dougga), 102 k.; Le Kef, 169 k.; Béja, 102 k.; Tabarca, 174 k.; Sousse, 140 k.; Kairouan, 200 k.; Sfax, 268 k.; Gabès, 401 k.

1351-04. — Coulommiers. Imp. PAUL BRODARD. — 1-05.

PUBLICITÉ DES GUIDES JOANNE

EXERCICE 1904-1905

I. Adresses utiles — Sociétés financières
Journaux — Chemins de fer — Agences de voyages
Indicateurs — Compagnies maritimes

ADRESSES UTILES

AMEUBLEMENT

AMEUBLEMENT ET DÉCORATION
Vente et achat
Location de meubles en tous genres
Garde-meuble public
PERRICHET & BELZACQ
TÉLÉPHONE 521-58
BELZACQ, Succ^r
4 et 6, rue de la Pépinière

ANTISEPTIQUE

OZONATEUR Breveté s. g. d. g.
DÉSINFECTEUR AUTOMATIQUE
9, Chaussée d'Antin, Paris
TÉLÉPHONE 121-66

APPARTEMENTS ET CHAMBRES MEUBLÉS

APPARTEMENTS ET CHAMBRES MEUBLÉS
MAISON PARTICULIÈRE
En face des Carmes, près du Luxembourg
31, RUE DE VAUGIRARD, 31

ARMES

GUINARD & Cie
Armuriers brevetés
8, avenue de l'Opéra, 8

Voir dans leurs magasins *toutes* les nouveautés de l'armurerie : *Fusils anglais des 1res marques* : PURDEY ; HOLLAND, GREENER, etc. — *Fusils belges* : LEBEAU-COURALLY, etc. — **Fusil GUINARD**, *vainqueur au Concours de Paris 1902*, depuis 300 fr. — Pistolets automatiques Parabellum, Brownig, Mauser, Mannlicher, etc., etc. — Fusils automatiques Brownig ; Clair.

Les meilleures cartouches de chasse se trouvent chez

GUINARD & Cie
8, avenue de l'Opéra, 8, Paris

BANQUES

Comptoir National d'Escompte de Paris. (Voir p. 7.)

BANQUES (*suite*)

Crédit Lyonnais. (Voir p. 10.)

Société Générale. (Voir p. 8.)

BIJOUTERIE

Tranchant, *19, rue du Temple*, Paris. Bijouterie argent en tous genres. Hochets, Bracelets, Chaînes, Bourses, Ronds de serviette, Timbales, Coquetiers, Tabatières. Petite orfèvrerie, Articles de bureaux et de fumeurs, Chapelets, Croix, Médailles. TÉLÉPHONE 283-12.

CALVITIE

CHUTE DES CHEVEUX

Cornioley, *1, rue de la Paix*, Paris. Produits hygiéniques; Spécialités pour la chevelure et le visage. *Prospectus gratis.* Diplôme de la Sté de médecine de France.

CAOUTCHOUC DE VOYAGE

HYGIÈNE — CHIRURGIE

Maison Charbonnier

J VECRIGNER, Succr

376, rue Saint-Honoré, 376

Caoutchouc manufacturé anglais, français et américain. Chaussures américaines et gants, bottes de marais.

Vêtements imperméables, toile caoutchouc. Tubs anglais ou bains portatifs, cuvettes pliantes, sacs à eau chaude, coussins et matelas à air et à eau pour malades et pour voyages. Urinaux. Bidets et bassins, etc. Atelier de réparation.

TÉLÉPHONE 241-67

CHOCOLAT

Chocolat Menier (V p. 139.)

Compagnie Coloniale. (Voir page de garde en tête du volume.)

CRISTAUX, FAIENCES, PORCELAINES

Maison Toy, *10, rue de la Paix*, Paris. (Voir p. 44.)

DENTIFRICES

Docteur Pierre. (Voir p. 43.)

GLACIÈRES

Glacière des Châteaux. — J. Schaller, *332, rue Saint-Honoré*, Paris. (Voir p. 44.)

HOTELS

Adelphi Hôtel et Restaurant, 22, boul. des Italiens. Entrée : *4, rue Taitbout.* Lumière électrique. Ascenseurs. Prix modérés.

Grosvenor Hôtel, Champs-Elysées, *59, rue Pierre-Charron*, Paris. Confort entièrement moderne.

Hôtel de l'Amirauté, *5, rue Daunou* (rue de la Paix). Restaurant. Prix modérés. Ascenseur. Electricité. Bains. TÉLÉPHONE 231-86.

Grand Hôtel de l'Athénée
15, rue Scribe, Paris

Hôtel d'Autriche, *37, rue d'Hauteville* (10e).

Hôtel Beau Site, place de l'Étoile, *4, rue de Presbourg* (16e).

HOTEL DE BERNE, *30, rue de Châteaudun.* Man spricht deutsch. English spoken. Si parla italiano.

Hôtel Campbell
47, avenue Friedland (8e) (V. p. 40)

HOTELS (suite)

Grand Hôtel des Capucines, *37, boul. des Capucines.* Maison recommandée. Sans succursale. Table d'hôte. Excellente cuisine. Bains. Ascenseur. Eclairage électrique. TÉLÉPHONE 250-52.

Mme E. Chabanette, propriétaire.

Hôtel du Chariot d'Or

Reconstruit en 1887, *39, rue Turbigo,* près le boul. Sébastopol. Table d'hôte. Café-Restaurant. *English spoken.* Chambres confortables depuis 2 fr. 50. Ascenseur.

Rabourdin, propriétaire.

Hôtel Chatham

17 et 19, rue Daunou, Paris

Hôtel de la Cité Bergère

4, cité Bergère, 4 (Gds boulevards). Chambres, 2 fr. 50 à 3 fr., tout compris. Lumière électrique et téléphone dans les chambres. Bains. Table d'hôte. On parle anglais, allemand, espagnol. TÉLÉPHONE 217-34.

Hôtel Columbia, *18, avenue Kléber* (16e).

Hôtel Corneille, *5, rue Corneille,* en face de l'Odéon. Chambres de 2 à 5 fr. Restaurant. Lumière électrique. Bains. Douches. TÉLÉPHONE 810-80. Agréé par le T. C. F.

Gd HOTEL DE DIEPPE, *22, rue d'Amsterdam,* en face de la sortie de la gare Saint-Lazare. Chambres très confortables depuis 3 fr. TÉLÉPHONE Paris-Province 164-16. Recommandé aux familles.

HOTELS (suite)

HOTEL DES ÉTRANGERS

Pierrefonds-les-Bains (Oise)

Chambres confortable, vue sur le lac, Clientèle de famille

TÉLÉPHONE 18.

Hôtel Fénelon, *11, rue Férou* (près de Saint-Sulpice). Chambres de 2 à 5 fr.; au mois de 25 à 80 fr. Repas, 2 fr. 25. Pension, 115 fr.

Hôtel Friedland, *45, avenue Friedland* (8e).

Hôtel de la Grande-Bretagne, *14, rue Caumartin,* entre la Madeleine, l'Opéra et la gare Saint-Lazare. *Spécialement recommandé aux familles.* Chauffage à vapeur. Lumière électrique. TÉLÉPHONE 245-52. Prix très modérés.

Hôtel du Jardin des Tuileries

206, rue de Rivoli, 206

Avec tout le confort moderne

TÉLÉPHONE 238-93

Même maison à PARAMÉ

GRAND HOTEL DE PARAMÉ

E. LAFOSSE, propriétaire

Hôtel Le Peletier, *37, rue Le Peletier* (boul. des Italiens). Maison de famille. Prix modérés. Electricité. TÉLÉPHONE 279-16.

HOTEL LOUIS-LE-GRAND

9, rue Louis-le-Grand, Paris

Près la rue de la Paix. Chambres depuis 3 fr., pension 10 fr. Electricité. Bains. TÉLÉPHONE 320-32

Hôtel Lord-Byron, *16, rue Lord-Byron* (8e).

HOTELS (*suite*)

Grand Hôtel Louvois, *place Louvois*, situé sur un beau square, au centre de Paris. Appartements et chambres seules. Restaurant et table d'hôte. Ascenseur. Bains. Lumière électrique. TELEPHONE 260-01.

L. Dhuit, propriétaire

Hôtel Marsollier, *13, rue Marsollier*, près l'avenue de l'Opéra. la Bourse et les grands boulevards. Appartements. Chambres confortables depuis 2 fr. Déjeuner et dîner à volonté. **C. Limay**, prop[re].

Maison meublée, *58, rue Jacob*, près des Tuileries et de la nouvelle gare d'Orléans. Appartements et chambres meublés. **Teissèdre**, propriétaire

---

Hôtel Malesherbes, *28, boulevard Malesherbes* (8e).

Hôtel Mirabeau, *8, rue de la Paix*. Hôtel et Restaurant. Chambres et appartements pour familles. TELEPHONE 278-89. (Voir p. 45.)

Grand Hôtel de Normandie, *4, rue d'Amsterdam*, Paris (face gare St-Lazare). Restaurant à la carte et à prix fixe. Chambres de 3 à 10 francs. *English spoken*. TELEPHONE 279-05. **Victor Davène**, propriét.

Hôtel d'Ostende, *9, rue de la Michodière*, près de l'Opéra. Agencement moderne. Lumière électrique. TELEPHONE 253-01. Prix modérés. Chambres depuis 2 fr. 50.

Hôtel d'Oxford et de Cambridge, *13, rue d'Alger*, près des Tuileries. Pension et service à la carte. Table d'hôte. Maison de famille, recommandée pour son confortable et ses prix modérés. *Salle de bains. Lumière électrique.* Tarif franco sur demande.

HOTELS (*suite*)

Hôtel Newton, *11 bis, rue de l'Arcade*, entre la Madeleine et la gare Saint-Lazare. Chambres de 3 à 7 fr. Pension depuis 8 fr. Electricité. TELEPHONE 298-50.

PENSION BUNOUT

11, boulevard Montmartre, 11

Grand Hôtel de Rochefort, Restaurant à la carte, *6, rue Dupuytren*, près de l'Ecole de médecine et boulevard St-Germain. Chambres depuis 1 fr. 50 par jour et 20 fr. par mois. Recommandé.

Hôtel Saint-Sulpice

7, rue Casimir-Delavigne, Paris près de l'Odéon et du Luxembourg

Chambre et pension à 7 fr. 50, tout compris. Table d'hôte et restaurant. Salon et piano. *Maison de confiance*. **Miralles**, propriétaire.

Hôtel de Seine, *59, rue de Seine* (boul. Saint-Germain), Paris. Appartements et chambres confortables. Table d'hôte. Service à volonté. Prix modérés.

Dujardin, propriétaire

Hôtel Solférino, *91, rue de Lille* (gare d'Orsay). Calorifère. Bains. Salon. Restaurant. Electricité. TELEPHONE 2[illegible]-05 *English spoken. Man spricht deutsch.*

Hôtel Vignon, *23, rue Vignon* (gare Saint-Lazare, Madeleine). Chambres depuis 3 fr. 50. Pension depuis 8 fr. Installation moderne. TELEPHONE 311-10.

* Marseille.
Maubeuge.
Meaux.
* Melun.
* Menton.
Méru.
Meulan.
Meursault.
Millau.
Moissac.
* Montargis.
* Montauban.
Montbéliard.
* Mont-de-Marsan.
Montdidier.
Monte-Carlo.
Montélimar.
* Montereau.
* Montluçon.
* Montpellier.
Montreuil-sur-Mer.
Moret-sur-Loing.
Morez-du-Jura.
* Morlaix.
* Moulins.
* Nancy.
* Nantes.
* Narbonne.
Nemours.
* Nevers.
* Nice.
* Nîmes.
Niort.
* Noyon.
Oloron-Ste-Marie.
* Orléans. — Orthez.
Oyonnax.
* Pamiers.
Parthenay.
* Pau.
* Périgueux.
Péronne.
* Perpignan.
Pertuis.
* Pézenas.
Pithiviers.
* Poitiers.
Pont-Audemer.
Pont-l'Evêque.
* Pontoise.
* Provins.
* Puy (Le).
Quesnoy (Le).
* Quimper.
* Reims.
Remiremont.
* Rennes.
Rive-de-Gier.
* Roanne.
Rochefort-sur-Mer.
* Rodez.
* Romans.
* Romilly-sur-Seine.
Roubaix.
* Rouen.
Rueil.
Ruffec.
Saint-Affrique.
Saint-Amand.
* Saint-Brieuc.
Saint-Chamond.
* Saint-Dié.
* Saint-Etienne.
Sainte-Foy-la-Grande.
Saint-Gaudens.
* St-Germain-en-Laye.
* Saint-Jean-d'Angély.
* Saint-Lô.
Saint-Loup-s.-Semouse
* Saint-Malo.
* Saint-Nazaire.
* Saint-Quentin.
St-Remy-de-Provence.
Saint-Servan.
* Saintes.
Sarlat. — * Saumur.
* Sedan.
Semur.
* Senlis.
* Sens.
Sèvres.
* Soissons.
* Tarare.
* Tarascon.
* Tarbes.
* Thiers.
Thizy.
Thouars.
Tonnerre.
* Toul.
* Toulon.
* Toulouse.
Tourcoing.
Tournus.
* Tours.
* Troyes.
Tulle.
Uzès.
* Valence.
Valence-d'Agen.
* Valenciennes.
* Vannes.
* Vendôme.
Verneuil-sur-Avre.
* Vernon.
* Versailles.
Vervins.
* Vesoul.
* Vichy.
* Vienne.
Vierzon.
* Villefranche-de-Rouergue.
* Villefranche-s-Saône
Villeneuve-sur-Lot.
Villeneuve-sur-Yonne.
Villers-Coterets.
Villeurbanne.
Vitré. — * Voiron.

Agence de Londres, 53, Old Broad Street.

La Société a, en outre, 69 Succursales, Agences et Bureaux à Paris et dans la Banlieue, et des Correspondants sur toutes les places de France et de l'Etranger.

OPÉRATIONS de la SOCIÉTÉ GÉNÉRALE :

Dépôts de fonds à intérêts en compte ou à échéance fixe (taux des dépôts de 1 an à 33 mois, 3 0/0, et de 3 à 5 ans, 3 1/2 0/0, net d'impôt et de timbre); — Ordres de Bourse (France et Etranger); — Souscriptions sans frais; — Vente aux guichets de valeurs livrées immédiatement (Obl. de ch. de fer. Obl. à lots de la ville de Paris et du Crédit foncier, Bons Panama. etc.); — Escompte et Encaissement de coupons; — Mise en règle de titres; — Avances sur titres; — Escompte et Encaissement d'effets de commerce; — Garde de titres; — Garantie contre le remboursement au pair et les risques de non-vérification des tirages; — Transports de fonds (France et Etranger); — Billets de crédit circulaires; — Lettres de crédit; — Renseignements; — Assurances; — Services de Correspondant, etc.

LOCATION DE COFFRES-FORTS ET DE COMPARTIMENTS DE COFFRES-FORTS

au Siège social, dans les succursales, dans plusieurs bureaux et dans un grand nombre d'Agences, depuis 5 fr. par mois; tarif décroissant en proportion de la durée et de la dimension.

(Demander les Notices spéciales à tous les guichets de la Société.)

(*) Les Agences marquées d'un astérisque sont pourvues d'un service de location de coffres-forts.

Type B*

LE FIGARO

Six Pages tous les jours

DIRECTEUR :

GASTON CALMETTE

INFORMATIONS

LE FIGARO est outillé de manière à fournir sur chaque événement important, en France et à l'Etranger, l'information la plus rapide, la plus complète, la plus sûre. Il a, depuis sa nouvelle direction, un service spécial de dépêches de la dernière heure qui lui sont envoyées de toutes les grandes capitales.

Ouvert à tous les partis, journal indépendant, frondeur, le Figaro est devenu la tribune la plus libre et la plus retentissante.

C'est le journal le plus répandu dans le monde entier.

CHAQUE LUNDI — *CHAQUE JEUDI*

Un Dessin d'Actualité

CARAN D'ACHE, SEM & CAPPIELLO

UNE PAGE DE MUSIQUE INÉDITE

TOUS LES SAMEDIS

Five o'Clock

Pendant la saison d'hiver, le Figaro donne, dans son hôtel, des concerts auxquels sont invités, à tour de rôle, ses abonnés. Les abonnés des départements et de l'étranger, de passage à Paris, reçoivent aussi des invitations sur leur demande.

PUBLICITÉ

Les services de Publicité liée à la Rédaction sont installés dans l'hôtel du Figaro, 26, rue Drouot. La publicité du Figaro est la plus recherchée.

ABONNEMENTS

	PARIS et Seine-et-Oise	DÉPARTEMENTS	ÉTRANGER
Un an . . .	60 fr.	75 »	86 »
6 mois. . .	30 fr.	37 50	43 »
3 mois. . .	15 fr.	18 75	21 50

CHEMINS DE FER PARIS-LYON-MÉDITERRANÉE (Suite)

Billets d'aller et retour de PARIS À TURIN, MILAN, GÊNES, VENISE FLORENCE, ROME et NAPLES

(Via Dijon, Mâcon, Aix-les-Bains, Modane)

Prix des Billets		Validité
	Turin. 1re cl. 147 fr. »; 2e cl. 106 fr. 15; 3e cl. 69 fr. 25.	Validité : 30 jours
	Milan. 1re cl. 164 fr. 80; 2e cl. 116 fr. 75	
	Gênes. — 169 fr 80; — 121 fr. 40	
	Venise. — 216 fr. 35; — 153 fr 75	
	Florence. — 217 fr. 40; — 154 fr. 80	
	Rome. — 266 fr. 90; — 189 fr. 50	Validité : 45 jours
	Naples. — 315 fr. 50; — 223 fr. 50	

Ces billets sont délivrés toute l'année à la gare de Paris-Lyon et dans les bureaux succursales.

La durée de validité de ces billets peut être prolongée de moitié moyennant le payement d'un supplément égal à 10 0/0 du prix du billet. D'autre part, la validité des billets d'aller et retour Paris-Turin est portée gratuitement à 60 jours, lorsque les voyageurs justifient avoir pris, à Paris ou à Turin, un billet de voyage circulaire intérieur italien ou un billet d'abonnement spécial italien. *Arrêts facultatifs à toutes les gares du parcours.*

FRANCHISE DE 30 KILOGRAMMES DE BAGAGES SUR LE PARCOURS P.-L.-M.

BILLETS D'ALLER ET RETOUR
DE PARIS A BERNE ET A INTERLAKEN

(*Via* Dijon, Pontarlier, Les Verrières, Neuchâtel) *ou réciproquement*

DE PARIS A ZERMATT (Mont Rose)

(*Via* Dijon, Pontarlier, Lausanne) *sans réciprocité*

PRIX DES BILLETS

De Paris à	1re cl.	2e cl.	3e cl.
Berne.	100 fr.;	75 fr.;	50 fr.
Interlaken. . . .	112 fr.;	83 fr.;	56 fr.
Zermatt (Mt Rose).	140 fr.;	108 fr.;	71 fr.

Valables 60 jours, avec arrêts facultatifs sur tout le parcours

Franchise de 30 kilogs de bagages sur le parcours P.-L.-M.

EN ÉTÉ, TRAJET RAPIDE DE PARIS À BERNE ET À INTERLAKEN

Les billets d'aller et retour de Paris à Berne et à Interlaken sont délivrés du 1er avril au 15 octobre; ceux de Zermatt, du 15 mai au 27 sept.

VOYAGES INTERNATIONAUX A ITINÉRAIRES FACULTATIFS

Il est délivré toute l'année, dans toutes les gares du réseau P.-L.-M., des Livrets de voyages internationaux avec itinéraires établis au gré des voyageurs sur les réseaux français de P.-L.-M., de l'Est, de l'État, du Midi, du Nord, de l'Orléans et de l'Ouest, sur les lignes maritimes de la Méditerranée desservies par la Compagnie générale transatlantique, la Compagnie de navigation mixte (Cie Touache) ou par la Société générale des transports maritimes à vapeur, et sur les chemins de fer *allemands, austro-hongrois, belges, bosniaques et herzégoviniens, bulgares, danois, finlandais, italiens et siciliens, luxembourgeois, néerlandais, norvégiens, roumains, serbes, suédois, suisses et turcs.* Ces voyages, qui peuvent comprendre certains parcours par bateaux à vapeur ou par voitures, doivent, lorsqu'ils sont commencés en France, comporter obligatoirement des parcours étrangers.

Parcours minimum : 600 kilomètres. La validité varie de 45 à 90 jours suivant le parcours. Arrêts facultatifs.

Les demandes de livrets internationaux sont satisfaites le jour même, aux gares de Paris et de Nice, lorsqu'elles arrivent à ces gares avant midi. Pour toutes les autres gares, les demandes doivent être faites quatre jours à l'avance.

CHEMIN DE FER DU NORD

Saison des Bains de mer — Billets à prix réduits

Pendant la saison, de la veille de la fête des Rameaux au 31 octobre, *toutes les gares du Chemin de fer du Nord* délivrent des billets de Bains de mer de 1re, 2e et 3e classes à destination des stations balnéaires suivantes : **BERCK** (station du chemin de fer d'intérêt local), via Montreuil-sur-Mer ou via Rang-du-Fliers-Verton, **BOULOGNE-VILLE** ou **TINTELLERIES** (Le Portel), **CALAIS-VILLE**, **CAYEUX** (station du chemin de fer d'intérêt local), via Saint-Valery-sur-Somme, **QUEND-FORT-MAHON** (plages de Fort-Mahon et de Saint Quentin), **CONCHIL-LE-TEMPLE** (Fort-Mahon), **DANNES-CAMIERS** (plages Sainte Cécile et Saint-Gabriel), **DUNKERQUE** (plages de Malo-les-Bains et Rosendaël), **ETAPLES**, Paris-Plage, (station du chemin de fer électrique), via Etaples, **EU** (plages du Bourg-d'Ault et d'Onival), **GRAVELINES** (Petit-Fort-Philippe), **GHYVELDE** (Bray-Dunes), **LE CROTOY** (station du chemin de fer d'intérêt local), via Noyelles, **LEFFRINCKOUCKE** (MALO-TERMINUS), **LE TREPORT-MERS**, **LOON-PLAGE**, **MARQUISE-RINXENT** (plage de Wissant), **NOYELLES**, **SAINT-VALERY-SUR-SOMME**, **WIMILLE-WIMEREUX** (plages de Wimereux, Audresselles et Ambleteuse), **WOINCOURT** (plages du Bourg-d'Ault et d'Onival), **ZUYDCOOTE** (Nord-Plage).

Il existe trois catégories de billets (1), savoir :

1° **Billets de saison** de 1re, 2e et 3e classes, valables pendant 33 jours, non compris le jour de l'émission, avec faculté de prolongation pendant plusieurs périodes de 15 jours (2), sous condition d'effectuer un parcours minimum de 100 kil. aller et retour. Ces billets, créés pour les familles, sont *nominatifs* et *collectifs*. Il est accordé une *réduction de 50 0/0* à chaque membre de la famille en plus du troisième. Les billets dont il s'agit doivent être demandés au moins 4 jours à l'avance à la gare où le voyage doit être commencé.

2° **Billets hebdomadaires** et carnets d'aller et retour de 1re, 2e et 3e classes. Les billets hebdomadaires sont valables pendant 5 jours, du vendredi au mardi et de l'avant veille au surlendemain des fêtes légales. Ces billets et carnets sont individuels. Les prix varient selon la distance et présentent des *réductions de 25 à 50 0/0*. Les carnets contiennent 5 billets d'aller et retour et peuvent être utilisés à une date quelconque dans le délai de 33 jours, non compris le jour de distribution.

3° **Billets d'excursion** de 2e et 3e classes, les dimanches et jours de fêtes légales, valables pendant une journée. Ces billets sont ou individuels, ou de famille. — Les prix réduits des billets individuels sont indiqués dans le tableau ci-dessous. — Pour les *familles* (ascendants et descendants), il est accordé une nouvelle réduction sur le prix des billets individuels d'excursion, allant de 5 à 25 0/0, selon que la famille se compose de 2, 3, 4, 5 personnes et plus.

Les billets de saison et les billets hebdomadaires sont valables dans les mêmes trains et aux mêmes conditions que les billets ordinaires du service intérieur.

Les billets d'excursion ne sont valables que dans des **trains spéciaux** *ou dans des* **trains du service ordinaire** *désignés à cet effet par la Compagnie.*

Cartes d'abonnement de 1re, 2e et 3e classes, valables pendant 33 jours, et comportant une réduction de 20 0/0 sur le prix des abonnements ordinaires d'un mois. Ces cartes ne sont délivrées qu'à toute personne qui prend deux billets ordinaires au moins ou un billet de saison pour les membres de sa famille ou domestiques, allant séjourner sous le même toit dans une station balnéaire désignée ci-dessus.

(1) Ces billets sont personnels et ne peuvent être vendus sous peine de poursuites judiciaires.

(2) Cette prolongation est faite, au retour, par les soins de la gare de départ, avant l'expiration de la première période, moyennant le supplément de 10 0/0 du prix total des billets.

Les prix au départ de Paris, pour les trois catégories, sont les suivants :

Prix des billets (1) de saison, hebdomadaires et d'excursion

DE PARIS AUX STATIONS BALNÉAIRES CI-DESSOUS	Billets de saison collectifs de famille valables pendant 33 jours — Prix pour 3 personnes			Prix pour chaque personne en plus			BILLETS hebdomadaires — Prix par personne (1)			BILLETS d'excursion — Prix par personne (2)	
	1re cl.	2e cl.	3e cl.	1re cl.	2e cl.	3e cl.	1re cl.	2e cl.	3e cl.	2e cl.	3e cl.
Berck	149 40	101 40	66 30	25 60	17 45	11 65	31 »	24 15	17 »	11 15	7 35
Boulogne (ville)	170 70	115 80	75 »	28 45	19 80	12 50	34 »	25 70	18 90	11 10	7 30
Calais (ville)	198 20	133 80	87 [illegible]	33 05	22 30	14 55	37 90	29 »	21 85	12 30	8 10
Cayeux	137 55	93 60	61 20	24 »	16 45	10 [illegible]	29 30	23 05	15 90	11 »	7 [illegible]
Quend-Fort-Mahon	137 70	93 »	60 60	21 [illegible]	15 50	10 10	28 30	22 15	15 45	9 60	6 [illegible]
Conchil-le-Temple (Fort-Mahon)	140 40	94 80	61 80	23 40	15 [illegible]	10 30	25 80	22 50	15 75	9 75	6 [illegible]
Dannes-Camiers	157 90	106 80	69 30	26 30	17 70	11 55	31 70	24 40	17 80	10 80	6 [illegible]
Dunkerque	204 90	138 80	90 30	34 15	23 05	15 05	38 85	29 95	22 60	12 50	8 [illegible]
Etaples	152 40	102 90	67 20	25 60	17 15	11 20	30 90	23 95	17 »	10 [illegible]	6 75
Eu	120 90	81 60	53 10	20 15	13 60	8 85	25 40	20 10	13 70	8 [illegible]	5 75
Gravelines (Petit-Fort-Philippe)	204 90	138 80	90 [illegible]	34 15	23 05	15 05	[illegible]	[illegible]	[illegible] 60	12 50	8 [illegible]
Ghyvelde (Bray-Dunes)	213 »	143 70	93 60	[illegible] 60	23 [illegible]	15 60	39 [illegible]	31 15	23 40	12 80	8 [illegible]
Le Crotoy	131 25	89 10	58 [illegible]	22 60	15 40	10 10	27 20	21 95	15 15	10 [illegible]	6 [illegible]
Leffrinckoucke (Plage de Malo-Terminus)	209 10	141 »	92 10	34 85	23 55	15 35	39 60	30 85	23 05	12 65	8 [illegible]
Le Tréport-Mers	123 »	83 30	54 »	20 50	13 85	9 »	[illegible]	[illegible]	13 90	9 »	[illegible]
Loon-Plage	204 30	138 »	90 »	34 [illegible]	23 »	15 »	38 [illegible]	29 90	22 50	12 30	8 [illegible]
Marquise-Rinxent	182 10	123 »	[illegible]	[illegible]	[illegible]	12 [illegible]	[illegible]	[illegible]	[illegible]	11 75	7 [illegible]
Noyelles	128 90	85 80	55 80	21 15	14 30	9 30	26 40	20 80	14 [illegible]	9 15	5 [illegible]
Saint-Valery-sur-Somme	131 10	88 80	57 [illegible]	21 [illegible]	14 70	9 60	27 15	21 85	14 75	9 [illegible]	6 [illegible]
Wimille-Wimereux	174 60	117 80	76 80	29 10	19 65	12 80	34 85	26 10	19 20	11 [illegible]	7 [illegible]
Woincourt	128 90	85 80	56 80	21 15	14 30	9 30	26 40	20 80	14 85	9 15	6 [illegible]
Zuydcoote (Nord-Plage)	211 80	143 80	93 »	35 30	23 80	15 60	39 80	30 95	23 [illegible]	12 80	8 [illegible]
Paris-Plage	156 »	105 90	70 90	26 60	18 15	11 80	32 10	24 90	18 »	11 85	7 75

(1) Ces prix ne comprennent pas les 10 centimes de droit de timbre pour les sommes supérieures à 10 francs.

(2) Sur les prix afférents au parcours de la Compagnie du Nord, une nouvelle réduction de 5 à 25 0/0 est faite par les billets collectifs de famille, selon que la famille est composée de 2 à 5 personnes et au delà.

CHEMIN DE FER D'ORLÉANS

BAINS DE MER DE L'OCÉAN

BILLETS D'ALLER ET RETOUR A PRIX RÉDUITS

VALABLES PENDANT 33 JOURS (*non compris le jour du départ*)

TARIF G. V. n° 6 (ORLÉANS)

Pendant la saison des Bains de mer, du **samedi, veille de la fête des Rameaux, au 31 octobre**, il est délivré, à toutes les gares du réseau, des BILLETS ALLER ET RETOUR de toutes classes, **à prix réduits**, pour les stations balnéaires ci-après : **Saint-Nazaire. — Pornichet** (Sainte-Marguerite). **— Escoublac-la-Baule. — Le Pouliguen. — Batz. — Le Croisic. — Guérande. — Vannes** (Port-Navalo, Saint-Gildas-de-Ruis) **— Plouharnel-Carnac. — Saint-Pierre-Quiberon. — Quiberon. — Le Palais** (Belle-Isle-en-Mer). **— Lorient** (Port-Louis, Larmor). **— Quimperlé** (Le Pouldu). **— Concarneau. — Quimper** (Benodet, Beg-Meil, Fouesnant). **— Pont-l'Abbé** (Langoz, Loctudy). **— Douarnenez — Châteaulin** (Pentrey, Crozon, Morgat).

HOTELS DE LA COMPAGNIE D'ORLÉANS à VIC-SUR-CÈRE et au LIORAN (Cantal)

Ouverts du 1er juin au 5 octobre pour Vic-sur-Cère et du 1er juin au 15 octobre pour le Lioran

L'hôtel de Vic est au milieu d'un parc clos et boisé, de 6 hectares, à côté d'une forêt. — Altitude : 750 mètres au-dessus du niveau de la mer. — Voisin de l'Établissement hydrothérapique et de la source minérale. — Distribution à tous les étages d'eau potable reconnue de pureté exceptionnelle par l'Institut Pasteur. — Splendide vue sur la vallée de la Cère et sur la montagne. — Jeu de lawn-tennis. — Télégraphe à la station et à la ville. — Location de voitures pour excursions. — La ville de Vic-sur-Cère, chef-lieu de canton, compte 1 700 habitants. — Église.

Un hôtel un peu plus petit, mais aussi confortable, est établi tout près de la station du Lioran, au milieu d'une forêt de sapins et de hêtres ; c'est un point tout indiqué pour une cure d'air et d'altitude (1 150 mètres) ; une grande route nationale parfaitement entretenue passe devant l'hôtel.

Le Lioran est le centre de toute une série d'excursions et d'ascensions d'accès facile et qui peuvent être faites en une journée, aller et retour.

BILLETS D'ALLER ET RETOUR DE FAMILLE

Pour les stations thermales de Chamblet-Néris (**NÉRIS-LES-BAINS**), **EVAUX-LES-BAINS**, Moulins (**BOURBON-L'ARCHAMBAULT**), Saint-Gervais-Châteauneuf (**CHATEAUNEUF-LES-BAINS**), **LA BOURBOULE, LE MONT-DORE, ROYAT**, Rocamadour (**MIERS**), **VIC-SUR-CÈRE**, Le Lioran — *Tarif* G. V. n° 6 (*Orléans*).

Réduction de 50 0/0 *pour chaque membre de la famille en plus du deuxième*

Il est délivré, **du 15 mai au 15 septembre**, aux familles d'au moins trois personnes payant place entière et voyageant ensemble, des *Billets d'aller et retour de famille* en 1re, 2e et 3e classes au départ de toutes les gares du réseau, pour les stations ci-dessus indiquées distantes d'au moins 125 kilomètres de la gare de départ.

Il peut être délivré au chef de famille titulaire d'un Billet de famille et en même temps que ce billet **une carte d'identité**, sur la présentation de laquelle il sera admis à voyager isolément à moitié prix du Tarif général, pendant la durée de la villégiature de la famille, entre le lieu de départ et le lieu de destination mentionnés sur le billet.

Exceptionnellement, le chef de famille peut être autorisé à revenir seul à son point de départ, à la condition d'en faire la demande en même temps que celle du billet.

Il est rappelé à cette occasion que les Billets de famille sont établis par l'itinéraire à la convenance du public, que l'itinéraire peut n'être pas le même à l'aller et au retour, enfin que la durée de validité, à compter du jour du départ, ce jour non compris, est de deux mois et peut être prolongé d'une période d'un mois, moyennant supplément de 20 0/0 du prix du Billet.

BILLETS D'ALLER ET RETOUR DE FAMILLE

Pour les stations thermales et hivernales des Pyrénées et du golfe de Gascogne, Arcachon, Biarritz, Dax, Pau, Salies-de-Béarn, etc. — Tarif spécial G. V. n° 106 (Orléans).

Des Billets aller et retour de famille, de 1re, 2e et 3e classes, sont délivrés, toute l'année, à toutes les stations du réseau d'Orléans, pour :

Agde (le Grau), **Alet, Amélie-les-Bains, Arcachon, Argelès-Gazost, Argelès-sur-Mer, Arles-sur-Tech** (La Preste), **Arreau-Cadéac** (Vielle-Aure), **Ax-les-Thermes, Bagnères-de-Bigorre, Bagnères-de-Luchon, Balaruc-les-Bains, Banyuls-sur-Mer, Barbotan, Biarritz, Boulou-Perthus (Le), Cambo-les-Bains, Capvern, Cauterets, Collioure, Couiza-Montazels** (Rennes-les-Bains), **Dax, Espéraza** (Campagne-les-Bains), **Gamarde, Grenade-sur-l'Adour** (Eugénie-les-Bains), **Guéthary** (Ahetze), **Gujan-Mestras, Hendaye, Labenne** (Capbreton), **Labouheyre** (Mimizan), **Laluque** (Préchacq-les-Bains), **Lamalou-les-Bains, Laruns-Eaux-Bonnes** (Eaux-Chaudes), **Leucate** (la Franqui), **Lourdes, Loures-Barbazan, Luz-St-Sauveur** (Barèges, St-Sauveur), **Marignac-St-Béat** (Les, Val d'Aran), **Nouvelle (La), Oloron-Sainte-Marie** (St-Christau), **Pau, Pierrefitte-Nestalas, Port-Vendres, Prades** (Molitg), **Quillan** (Ginoles, Carcanières, Escouloubre, Usson-les-Bains), **St-Flour** (Chaudesaigues), **Saint-Gaudens** (Encausse, Ganties), **Saint-Girons** (Audinac, Aulus), **Saint-Jean-de-Luz, Saléchan** (Ste-Marie, Siradan), **Salies-de-Béarn, Salies-du-Salat, Ussat-les-Bains et Villefranche-de-Conflent** (Le Vernet, Thuès, Les Escaldas, Graüs-de-Canaveilles).

Avec les réductions suivantes, calculées sur les prix du Tarif général d'après la distance parcourue, sous réserve que cette distance, aller et retour compris, sera d'au moins 300 kilomètres.

Pour une famille de 2 pers. : 20 0/0, 3 pers. 25 0/0, 4 pers. : 30 0/0, 5 pers. : 35 0/0, 6 pers. ou plus : 40 0/0.

DURÉE DE VALIDITÉ : 33 JOURS (non compris les jours de départ et d'arrivée)

BAINS DE MER

ET EAUX THERMALES

Billets d'Aller et Retour

A PRIX RÉDUITS

Délivrés jusqu'au 31 octobre

DE PARIS AUX GARES SUIVANTES

	BILLETS de 4 jours (dimanches et fêtes non compris)		BILLETS de 10 jours (jour de la délivrance non compris)		BILLETS de 33 jours (jour de la délivrance non compris)³		
	1re cl.	2e cl.	1re cl.	2e cl.	1re cl.	2e cl.	3e cl.
	fr. c.	fr. c.	fr. c.	fr. c.	fr. c.	fr. c.	fr. c.
Dieppe — Pourville, Puys, Berneval	26 »	17 50	30 10	20 20	»	»	»
Petit-Appeville (halte) — Pourville	26 50	18 »	30 80	20 80	»	»	»
Ouville-la-Rivière — Quiberville	26 50	18 »	32 80	22 15	»	»	»
Touffreville-Criel	28 »	19 50	34 10	21 85	»	»	»
Eu — Bois de Cise, Le Bourg-d'Ault, Onival	28 »	19 50	35 85	24 15	»	»	»
Le Tréport-Mers	28 50	20 »	35 85	24 15	»	»	»
Saint-Valery-en-Caux — Veules	28 »	19 50	35 85	24 15	»	»	»
Cany — Veulettes, Les Petites-Dalles, les Grandes-Dalles	28 »	19 50	35 10	23 70	»	»	»
Fécamp — Grainval, Saint-Pierre-en-Port	30 »	21 50	35 85	24 15	»	»	»
Froberville-Yport	30 »	21 50	35 85	24 15	»	»	»
Les Loges-Vaucottes-sur-Mer — Vattetot sur-Mer	30 »	22 »	35 85	24 15	»	»	»
Etretat — Bruneval	30 »	22 »	36 65	24 85	»	»	»
Le Havre — Sainte-Adresse, Bruneval	30 »	22 »	35 85	24 15	»	»	»
Caen	30 »	22 »	37 45	25 25	»	»	»
Honfleur (via Lisieux)	30 »	22 »	36 85	24 65	»	»	»
Trouville-Deauville (via Lisieux) — Villerville	32 »	21 50	35 85	24 15	»	»	»
Blonville (halte) (via Lisieux)	30 »	21 50	35 85	24 15	»	»	»
Villers-sur-Mer (via Lisieux)	30 »	22 »	35 80	24 30	»	»	»
Valmont — Les Gdes-Dalles, les Ptes-Dalles, St-Pierre-en-Port	30 »	22 »	36 40	24 55	»	»	»
Beuzeval-Houlgate (via Lisieux-Pont-l'Évêque ou via Mézidon)	33 »	23 »	37 20	25 20	»	»	»
Dives-Cabourg (via Lisieux-Pont-l'Évêque ou via Mézidon) — Le Home-Varaville	33 »	23 »	37 80	25 50	»	»	»
Luc — Lion-sur-Mer. — **Langrune**. — **Saint-Aubin** (Ces prix compr. le parcours total en chemin de fer.)	34 »	25 »	41 45	28 20	»	»	»
Bernières - Courseulles, Ver.-s.-Mer (Ces prix compr. le parcours total en chemin de fer.)	35 »	26 »	42 45	29 25	»	»	»
Bayeux — Arromanches, Port-en-Bessin, Saint-Laurent-sur-Mer, Asnelles, Saint-Honorine-des-Pertes	38 »	26 »	42 20	28 10			
Le Molay-Littry — Vierville-sur-Mer, St-Laurent-sur-Mer	38 »	28 »	44 65	29 95			
Isigny-sur-Mer — Grandcamp-les-Bains	40 »	30 »	48 45	32 70			
Montebourg (Quinéville, Saint-Vaast-la-Hougue, Barfleur (parcours par le chemin départemental de Montebourg et Valognes à Barfleur, non compris dans le prix du billet))	45 »	32 50	52 60	35 50			
Valognes (Quinéville, Saint-Vaast-la-Hougue, Barfleur (parcours par le chemin départemental de Montebourg et Valognes à Barfleur, non compris dans le prix du billet))	45 »	33 50	53 75	36 25			33 »
Cherbourg	50 »	36 »	»	»			33 »
Coutances — Agon, Coutainville	45 »	33 50	53 50	36 40			33 »
Regnéville (via Folligny ou via Lison)	45 »	33 50	53 80	36 20			33 »
Montmartin-sur-Mer (via Folligny ou via Lison)	45 »	33 50	53 15	35 90	56 »	37 40	33 »
Denneville (halte)	50 »	33 50	53 95	36 40			33 »
Port-Bail	50 »	34 »	54 60	36 80			33 »
Barneville (halte)	50 »	34 50	55 50	37 45			33 »
Carteret	50 »	35 »	»	»			33 »
Granville — Donville, Saint-Pair, Jullouville	45 »	32 »	51 65	34 70			»
Montviron-Sartilly — Carolles, Saint-Jean-le-Thomas	45 »	34 50	50 45	34 10			»
La Gouesnière-Cancale	»	»	»	»			33 »
Saint-Malo-Saint-Servan — Paramé, Rothéneuf	»	»	»	»			33 »
Dinard — Saint-Enogat, Saint-Lunaire, Saint-Briac, Lancieux	»	»	»	»			33 »
Plancoët — La Garde-Saint-Cast, Saint-Jacut-de-la-Mer	»	»	»	»			33 »
Lamballe — Pléneuf, Le Val-André, Erquy	»	»	»	»	57 50	38 85	33 »
Saint-Brieuc — Binic, Etables, Portrieux, Saint-Quay	»	»	»	»	60 20	40 65	33 »
Plounérin — Saint-Efflam-en-Plestin	»	»	»	»	68 95	46 36	33 »
Lannion — Perros-Guirec, Trégastel-les-Grèves, Trébeurden	»	»	»	»	70 »	47 85	33 »
Morlaix — Saint-Jean-du-Doigt, Plougasnou-Primel	»	»	»	»	72 15	48 70	33 »
Landerneau — Brignogan	»	»	»	»	77 55	52 25	35 15
Brest	»	»	»	»	80 10	54 05	35 30
Paimpol	»	»	»	»	60 20	40 70	33 »
Saint-Pol-de-Léon	»	»	»	»	75 »	50 60	33 »
Roscoff — Ile de Batz	»	»	»	»	75 85	51 15	33 40
Saint-Nazaire	»	»	»	»	59 70	40 30	30 85
Ile de Jersey — Saint-Aubin, Sainte-Brelade, Saint-Clément, Saint-Hélier, Gorey	»	»	»	»	»	»	»
EAUX THERMALES — ²**Forges-les-Eaux** (Seine-Inférieure), ligne de Dieppe par Gournay	18 »	12 »	»	»	»	»	»
EAUX THERMALES — ¹**Bagnoles-Tessé-la-Madeleine**, par Briouze	36 »	26 »	38 90	26 25	»	»	»

1. La durée de validité des billets de 10 jours pour Bagnoles est exceptionnellement portée à 25 jours (jour de la délivrance non compris).

2. Les billets pour Forges-les-Eaux ne sont valables que 3 jours (dimanches et fêtes non compris).

3. Les billets de 33 jours peuvent être prolongés d'une ou de deux périodes de 30 jours, moyennant un supplément de 10 % par période; ils donnent droit à un arrêt de 48 heures à l'aller et au retour à une gare quelconque de l'itinéraire suivi.

Les prix indiqués ci-dessus ne comprennent pas les services effectués, soit par services de correspondance, soit sur les lignes de Montebourg et Valognes à Barfleur.

CHEMINS DE FER DE L'ÉTAT

BILLETS DE BAINS DE MER

Valables 33 jours, non compris le jour du départ

Billets d'aller et retour, à validité prolongeable, délivrés du vendredi avant-veille de la fête des Rameaux, au 31 octobre

1° — BILLETS DE BAINS DE MER
AU DÉPART DE PARIS

de PARIS (Montparnasse) ou de PARIS (quai d'Orsay, pont Saint-Michel ou Austerlitz) aux gares ci-après et retour	PRIX ALLER ET RETOUR — Section I sans faculté d'arrêt aux gares intermédiaires.			Section II — § 1. Faculté d'arrêt entre CHARTRES ou TOURS et la station balnéaire.		
	1re Cl.	2e Cl.	3e Cl.	1re Cl.	2e Cl.	3e Cl.
Royan	71 20	52 60	34 10	80 65	61 20	41 50
La Tremblade (Ronce-les-Bains)	71 25	51 20	33 »	83 80	63 20	41 85
Le Chapus	67 20	49 10	33 »	77 45	58 20	40 »
Le Château-Quai (île d'Oléron)	65 70	50 60	36 20	74 85	59 70	41 20
Marennes	66 25	48 85	35 50	76 10	57 50	39 65
Fouras	63 90	48 80	33 20	73 75	55 75	37 90
Châtelaillon	62 35	46 14	32 10	71 93	53 23	37 06
Angoulins-sur-Mer	61 80	45 70	32 15	71 35	53 75	36 70
La Rochelle	62 10	46 10	31 80	70 80	54 20	36 30
La Pallice-Rochelle (île de Ré)	61 96	45 75	32 20	71 50	54 93	36 90
L'Aiguillon-Port — Via Chantonnay-Transit	59 14	45 10	31 75	67 60	55 60	35 75
L'Aiguillon-Port — Via Luçon-Transit	61 23	45 93	32 25	70 10	53 93	36 65
La Tranche — Via Chantonnay-Transit	61 90	45 10	34 25	70 10	57 »	38 25
La Tranche — Via Luçon-Transit	63 85	48 45	31 73	72 90	58 45	39 15
Les Sables-d'Olonne	62 60	46 30	31 65	72 25	56 95	37 20
Saint-Hilaire-de-Riez (Sion)	63 20	46 10	32 40	75 20	54 70	37 06
Saint-Gilles-Croix-de-Vie (Sion)	64 65	46 58	33 70	76 50	57 20	37 35
De PARIS-MONTPARNASSE ou SAINT-LAZARE aux gares ci-après et retour				§ 2. Faculté d'arrêt entre Sainte-Pazanne incl. et la station balnéaire.		
Challans (île de Noirmoutier, île d'Yeu, Saint-Jean-de-Monts)	63 33	46 66	31 23	71 25	50 65	33 85
Bourgneuf-en-Retz	58 50	47 90	30 10	64 50	58 90	35 10
Les Moutiers	56 50	43 20	30 40	66 50	49 20	34 10
La Bernerie	58 60	43 85	30 60	63 20	49 85	34 60
Pornic (île de Noirmoutier) (1)	58 80	45 30	31 13	66 80	50 30	35 15
Saint-Père-en-Retz (Saint-Brevin-l'Océan)	58 80	43 20	30 63	66 50	49 20	31 65
Paimbœuf (Saint-Brevin-l'Océan)	59 03	43 30	30 80	67 06	49 30	31 83

2° — BILLETS DE BAINS DE MER
AU DÉPART DES GARES AUTRES QUE PARIS, VALABLES 33 JOURS
non compris le jour du départ

Ces billets sont délivrés par toutes les gares, stations et haltes du réseau de l'Etat (Paris excepté), pour toutes les stations balnéaires désignées ci-dessus. Ils comportent les mêmes réductions de prix que les billets d'aller et retour ordinaires et donnent le droit de s'arrêter aux gares intermédiaires.

Dispositions spéciales au 1° et au 2°

Enfants. — Les enfants de 3 à 7 ans payent moitié du prix des billets de bains de mer.

Prolongation de la durée de validité. — La durée de validité peut être prolongée de 30 jours, moyennant un supplément égal à 10 o/o du prix du billet. Cette prolongation peut être accordée deux fois au plus ; le supplément à payer pour chaque prolongation de 30 jours est de 10 o/o du prix primitif.

3° — BILLETS DE BAINS DE MER
A VALIDITÉ RÉDUITE, SANS FACULTÉ DE PROLONGATION

A) Billets de toutes classes valables pendant 5 jours, du vendredi de chaque semaine au mardi suivant ou de l'avant-veille au surlendemain d'un jour férié. — Leurs prix sont ceux des billets simples augmentés d'un dixième avec minimum de perception, par place, de 12 fr. en 1re classe, 9 fr. en 2e classe et 6 fr. en 3e classe.

b) Billets de 2e et de 3e classes délivrés par toutes les gares du réseau de l'Etat situées au sud de la Loire, valables un jour seulement, le dimanche ou un jour férié. — Leurs prix sont les deux tiers de ceux des billets de bains de mer de 33 jours, avec minimum de perception par place de 6 fr. en 2e classe et de 3 fr. 60 en 3e classe.

(Pour les conditions d'utilisation des billets de bains de mer, voir les Tarifs G. V. nos 6 et 106.)

(1) Un service régulier de bateaux à vapeur est organisé entre Pornic et Noirmoutier pendant la période du 1er juillet au 30 septembre.

ABONNEMENTS DE BAINS DE MER

Des cartes d'abonnement de Bains de mer valables un mois, trois mois ou six mois et comportant une réduction de 40 0/0 sur les prix des cartes ordinaires d'abonnement de même durée, sont délivrées chaque année, à partir du samedi, veille de la fête des Rameaux, jusqu'au 31 octobre pour les cartes d'un ou trois mois, et jusqu'au 31 juillet pour les cartes de six mois. Ces cartes ne sont délivrées qu'aux personnes qui prennent en même temps au moins trois billets ordinaires ou de bains de mer.

(Pour les autres conditions, voir le Tarif spécial G. V. n° 3.)

BILLETS D'ALLER ET RETOUR DE FAMILLE

POUR LES VACANCES

Valables 33 jours, non compris le jour du départ

Délivrés du vendredi, avant-veille des Rameaux, au lundi de Pâques inclus (sans prolongation), et du 1er juillet au 1er octobre, avec prolongation facultative, moyennant surtaxe, aux familles d'au moins trois personnes payant place entière et voyageant ensemble :

a) Au départ de PARIS, pour les gares, stations et haltes du réseau de l'État situées à 125 kilomètres au moins de Paris, ou réciproquement ;

b) Au départ de toutes les gares, stations et haltes du réseau de l'État (Paris excepté), pour les gares, stations et haltes situées à 100 kilomètres au moins du point de départ.

Il peut être délivré à un ou plusieurs des voyageurs compris dans un billet collectif et en même temps que ce billet une carte d'identité sur la présentation de laquelle le titulaire sera admis à voyager isolément à moitié prix du tarif ordinaire des billets simples, pendant la durée de la villégiature de la famille, entre la gare de délivrance du billet collectif et le point de destination mentionné sur ce billet.

Enfants. — Les enfants de 3 à 7 ans payent la moitié du prix que paye un voyageur à place entière

(Pour les autres conditions, voir les Tarifs spéciaux G. V. nos 2 bis et 9 bis.)

VOYAGE CIRCULAIRE AU LITTORAL DE L'OCÉAN

ENTRE BORDEAUX ET NANTES

Billets individuels et de famille

délivrés du vendredi, avant-veille de la fête des Rameaux, au 31 octobre

Valables 33 jours (non compris le jour de la délivrance)

avec faculté de prolongation de 2 fois 30 jours moyennant un supplément de 10 0/0 pour chaque prolongation

PRIX :

1° **Billets individuels** : 1re classe, 60 fr — 2e classe, 45 fr — 3e classe, 30 fr.

2° **Billets de famille** : Prix ci-dessus réduits de 10 0/0 pour une famille de 3 personnes, jusqu'à 25 0/0 pour un nombre de 6 personnes ou plus.

Billets spéciaux de parcours complémentaires pour rejoindre ou quitter l'itinéraire du voyage d'excursion.

(Pour les autres conditions, voir le Tarif spécial G. V. n° 5.)

CARTES D'EXCURSION VALABLES 15 JOURS

Pendant la période du samedi, veille de la fête des Rameaux, au 31 octobre, il sera délivré, par toutes les gares, stations et haltes du réseau de l'État, des cartes d'excursion valables pendant 15 jours et comportant la libre circulation, savoir :

Cartes A. — Sur l'ensemble du réseau de l'État.

Cartes B. — Sur toutes les lignes du réseau de l'État situées au sud de la Loire (y compris les gares de Nantes, Angers, La Possonnière, Saumur et Port-Boulet).

Ces cartes sont délivrées aux prix ci-après :

Cartes A (valables sur l'ensemble du réseau) : 1re classe, 125 fr. ; 2e cl., 100 fr. ; 3e cl., 75 fr.

Cartes B (valables sur le réseau sud seulement) : 1re classe, 100 fr ; 2e cl., 75 fr. ; 3e cl., 50 fr

Les demandes de cartes d'excursion pourront être adressées aux chefs de toutes les gares ou stations du réseau de l'État, ou au chef du contrôle de ce réseau (rue Saint-Lazare, n° 45, à Paris).

(Pour les autres conditions, voir le Tarif spécial G. V n° 8.)

RELATIONS DIRECTES ENTRE PARIS ET VALPARAISO

Par La Pallice-Rochelle et la Compagnie de navigation à vapeur du Pacifique

Service tous les 15 jours

Train spécial (1re, 2e et 3e classes), entre Paris-Montparnasse et La Pallice-Rochelle

(Sans transbordement)

TRAJET DIRECT EN 9 HEURES

Départ de Paris habituellement le samedi soir — Arrivée à La Pallice-Rochelle (Départ à flot) le lendemain matin

CARTE
DU
CHEMIN DE FER
DU
SAINT-GOTHARD
Ligne du Gothard.
Lignes d'accès.
Routes des Alpes.
BÂLE
ZÜRICH
BERNE
LUCERNE
MILAN
Schaffhouse
Waldshut
Liestal
Olten
Soleure
Fribourg
Thoune
Interlaken
Lausanne
Locarno
Novare

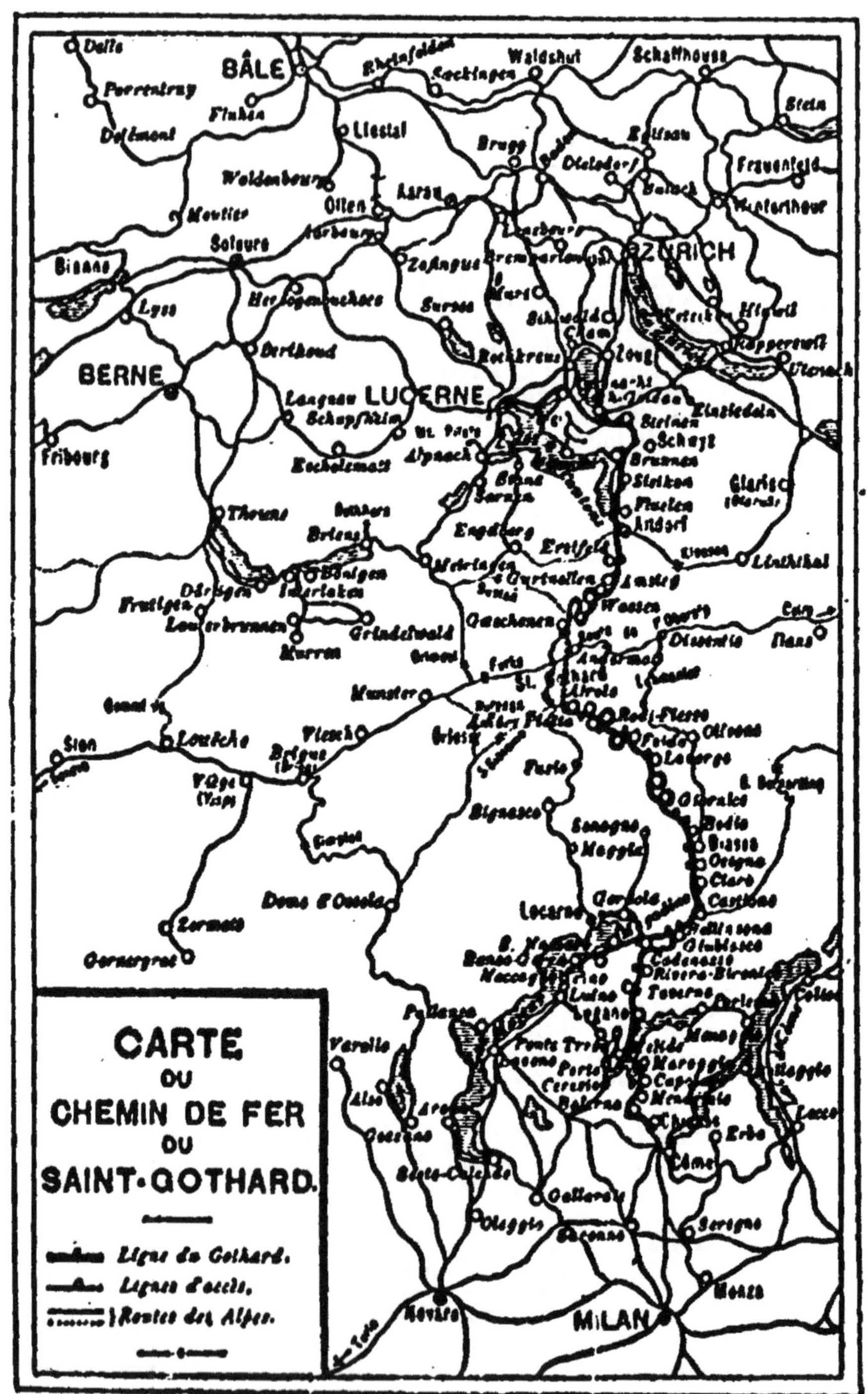

Type B — 1

CHEMINS DE FER DE L'EST

I. — RELATIONS DIRECTES DE LA COMPAGNIE DE L'EST

(SERVICES PERMANENTS)

a) Avec la Suisse, *via* Belfort-Bale (Trains rapides);
b) Avec l'Italie, *via* Belfort-Bale et le Saint-Gothard (Trains rapides);
c) Avec Mayence, Wiesbaden, Ems et Hombourg-les-Bains, *via* Metz-Sarrebruck (Trains rapides);
d) Avec Francfort-sur-Mein, *via* Metz-Sarrebruck (Trains rapides), et *via* Avricourt-Strasbourg (Trains d'Orient), en correspondance à Carlsruhe avec des trains express pour Francfort;
e) Avec Coblence et Ems, *via* Pagny-sur-Moselle-Metz-Trèves et *via* Longwy-Luxembourg-Trèves (Trains rapides);
f) Avec l'Autriche-Hongrie, la Roumanie, la Serbie, la Bulgarie et la Turquie : 1° *via* Avricourt-Strasbourg (Train d'Orient); 2° *via* Belfort-Bale, la Suisse orientale et l'Arlberg (Trains rapides);
g) Avec Luxembourg, *via* Charleville, Longuyon, Longwy, Dippach (Trains rapides).

II. — VOYAGES CIRCULAIRES ET EXCURSIONS A PRIX RÉDUITS

(SAISON D'ÉTÉ)

A. — EN FRANCE

1° Billets d'aller et retour de famille pour les stations thermales situées sur le réseau de l'Est. — 2° Billets d'aller et retour collectifs délivrés par les gares du réseau P.-L.-M. pour les stations thermales situées sur le réseau de l'Est.

Voyages circulaires à prix réduits pour visiter les Vosges et Belfort avec arrêts facultatifs à toutes les stations du parcours

Billets individuels et billets collectifs

1° de Paris à Paris; 2° de Laon à Laon; de Nancy à Nancy : *via* Blainville, Charmes et *via* Pagny-sur-Meuse, Vaucouleurs.

B. — VOYAGES INTERNATIONAUX, à prix réduits, à itinéraires facultatifs

La Compagnie des Chemins de fer de l'Est délivre toute l'année des Livrets internationaux à coupons combinables, à prix réduits, de l'Union des Chemins de fer européens, permettant aux voyageurs de composer à leur gré un voyage circulaire ou d'aller et retour à l'étranger, comprenant des parcours sur les grands réseaux français, et dans les pays désignés ci-après : Allemagne, Autriche-Hongrie, Belgique, Bosnie-Herzégovine, Bulgarie, Danemark, Finlande, Italie, Grand-Duché de Luxembourg, Pays-Bas, Norvège, Roumanie, Serbie, Suède, Suisse et Turquie.

La réduction par rapport aux prix des billets simples atteint et dépasse 20 0/0.

Les principales conditions d'émission de ces livrets sont les suivantes :

L'itinéraire doit emprunter à la fois des lignes françaises et étrangères et ramener le voyageur à son point de départ initial.

Le parcours tarifé ne peut être inférieur à 600 kilomètres; la durée de validité des livrets est de 45 jours lorsque le parcours ne dépasse pas 2000 kilomètres; 60 jours pour les parcours de 2001 à 3000 kilomètres, et 90 jours pour les parcours supérieurs à 3000 kilomètres.

Les livrets doivent être demandés à l'avance; il n'est pas concédé de franchise de bagages.

Les enfants âgés de 4 ans et moins sont transportés gratuitement, s'ils n'occupent pas une place distincte; au-dessus de 4 ans jusqu'à 10 ans, ils bénéficient d'une réduction de 50 0/0.

C. — VOYAGES CIRCULAIRES, à itinéraires fixes, NORD ET SUD DES ALPES

Via Saint-Gothard, mont Cenis, Vintimille

Les voyageurs qui désirent se rendre en Italie peuvent se procurer, à Paris et dans toutes les gares du réseau de l'Est situées sur l'itinéraire, des Billets circulaires à itinéraires fixes dits « **Au Nord et au Sud des Alpes** » qui permettent de faire des excursions variées en Italie dans des conditions économiques.

Les touristes ont le choix entre quatre excursions au **Nord des Alpes** (parcours en dehors de l'Italie) et un grand nombre d'excursions au **Sud des Alpes** (parcours italiens) qu'ils peuvent effectuer avec deux billets délivrés conjointement.

Durée de validité des billets circulaires : 60 jours

Nota. — Pour tous autres renseignements concernant les livrets à coupons combinables, consulter le Tarif international G. V. n° 203 déposé dans les gares, et, pour les billets circulaires à itinéraires fixes, le Livret des voyages circulaires et excursions de la Compagnie des Chemins de fer de l'Est.

AVIS IMPORTANT

MM les Voyageurs peuvent se procurer dans les gares et les librairies les Recueils suivants, publications officielles des chemins de fer, paraissant depuis cinquante ans, avec le concours des Compagnies.

L'INDICATEUR-CHAIX. *Paraissant toutes les semaines.* Avec cartes. — Prix . . . . 1 fr. »

LIVRET-CHAIX CONTINENTAL. *Paraissant tous les mois.* Deux volumes :
Services français, avec cartes des réseaux. — Prix. . . . 1 fr. 50
Services étrangers, avec une carte coloriée et huit cartes de régions. — Prix. . . . . 2 fr. »
Livret spécial des chemins de fer de la Suisse. Avec carte. *Paraissant tous les mois.* — Prix. . . . . » fr. 50

LIVRET-CHAIX SPÉCIAL DE CHAQUE RÉSEAU
Paraissant tous les mois. Avec cartes.
Ouest; — Orléans, Etat, Midi; — Nord; — Est; — Paris-Lyon-Méditerranée. — Chaque livret. . . . . » fr. 50

LIVRETS-CHAIX DES VOYAGES **CIRCULAIRES**
Avec cartes, plans et gravures.
Ouest; — Orléans, Etat, Midi; — Nord; — Est. — Chaque livret. . . . . » fr. 30
Livret-Guide de la Cie Paris-Lyon-Méditerranée. — Prix. » fr. 50

LIVRET-CHAIX DE L'ALGÉRIE ET DE LA **TUNISIE**
Paraissant tous les mois. Avec une carte coloriée. — Prix. » fr. 50

LIVRET-CHAIX DES **ENVIRONS** DE **PARIS**
Paraissant tous les mois. Avec cartes. — Prix . . . . » fr. 40

LIVRETS-CHAIX DE LA BANLIEUE
Ouest, Est, Nord, Orléans, P.-L.-M. Avec cartes
Chaque livret. . . . . » fr. 15

LIVRETS-CHAIX DES RUES DE PARIS
(Omnibus, Tramways et Théâtres.) Avec plan de Paris et plans numérotés des théâtres — Prix . . . . 2 fr. »
Nomenclature des Rues de Paris, avec plan de Paris. — Prix, cartonné . . . . 1 fr. 25
Livret-Chaix des Omnibus, Tramways et Bateaux. . . » fr. 30

AUX VOYAGEURS

MM. les Voyageurs consulteront très utilement, pour établir et suivre leur itinéraire, les **CARTES** *extraites du Grand Atlas Chaix des chemins de fer, qui se vendent séparément au prix de 3 et 4 fr. en feuilles. Ces cartes indiquent toutes les lignes en exploitation, en construction ou à construire. — Adresser les demandes à la Librairie Chaix, rue Bergère, 20, à Paris.*

NOUVEL ATLAS DES CHEMINS DE FER DE L'EUROPE
Bel album relié, composé de 20 cartes coloriées. — Prix : Paris, 60 fr.; Départements, franco, 65 fr.; Etranger, port en sus.

CARTE DES CHEMINS DE FER **DE L'EUROPE** au 1/2.400,000
(1 centimètre par 24 kilomètres), en quatre feuilles imprimées en deux couleurs. — Dimensions totales : 2 m. 15 sur 1 m. 55. — Prix : les quatre feuilles, 22 fr.; sur toile, avec étui, 32 fr.; montée sur gorge et rouleau, vernie, 36 fr. Port en sus pour la France, 1 fr. 50; Algérie, 3 fr.; à l'Étranger, port en sus.

CARTE DES CHEMINS DE FER **DE LA FRANCE** au 1/800.000
(1 centimètre pour 8 kilomètres), avec cartes de l'Algérie et des colonies, et les plans des principales villes de France, imprimée en huit couleurs sur quatre feuilles grand monde. — Dimensions totales : 2 m. 15 sur 1 m. 55. — Indiquant toutes les stations, avec tirage en couleur spécial pour chaque réseau. — Prix : les quatre feuilles, 24 fr.; sur toile, avec étui, 34 fr.; montée sur gorge et rouleau, vernie, 38 fr. — Port en sus pour la France, 1 fr. 50; Algérie, 3 fr.; à l'Etranger, port en sus.

CARTE DES CHEMINS DE FER **DE LA FRANCE** et de la **NAVIGATION**, à l'échelle de 1/1,200,000, imprimée en deux couleurs sur grand monde (1 m. 20 sur 0 m. 90). Cette carte, coloriée par réseaux, indique les lignes en construction, en exploitation, les lignes à voie unique et à double voie, toutes les stations, etc. Six cartouches contenant les cartes spéciales de Paris, Bordeaux, Lille, Lyon, Marseille et leurs environs, et la Corse complètent la carte. — Les cours d'eau sont imprimés en bleu. — Prix : en feuilles, 6 fr.; collée sur toile dans un étui, 9 fr.; montée sur gorge et rouleau, 12 fr. Port en sus, 1 fr.

ANNUAIRE-CHAIX DES PRINCIPALES SOCIÉTÉS PAR ACTIONS
Contenant des renseignements d'une utilité pratique sur les Compagnies de chemins de fer, les Institutions de crédit, les Banques, les Sociétés minières, de transport, industrielles, les Compagnies d'assurances, etc. — Une notice spéciale est consacrée à chaque Société, indiquant les noms et adresses des administrateurs, directeurs, et des principaux chefs de service, — les dispositions essentielles des statuts, — les titres en circulation, — le revenu et le cours moyen des titres pour l'exercice précédent, le cours du 2 novembre de l'exercice en cours ou, à défaut, le dernier cours coté précédemment, — les époques et lieux de payement des coupons, etc. — Une liste des agents de change de Paris et des départ. et une autre des principaux banquiers de Paris, Lyon, Marseille, Bordeaux, Toulouse et Nantes, complètent le volume. — Un vol. in-18 de 800 p. — Prix : cartonné, 3 fr.; par poste, en plus, 80 c.

II. — Annonces diverses provenant de PARIS

Le Bœuf à la Mode

RUE DE VALOIS, 8 (PALAIS-ROYAL)

Le plus ancien des Restaurants parisiens

ayant conservé

les traditions de la bonne cuisine française

A PROXIMITÉ

DES

THÉATRES FRANÇAIS ET PALAIS-ROYAL

PRIX MODÉRÉS

ALLEVARD-LES-BAINS (ISÈRE)

Établissement thermal le plus complet pour le traitement des maladies de poitrine et des voies respiratoires. — Service de désinfection.

Magnifique Parc, Casino, Théâtre, Concerts

ALLEVARD-LES-BAINS

Gd HOTEL VICTORIA ET BELLE-VUE

Sur le parc de l'Établissement — La situation la plus élevée

Pension depuis 7 francs par jour

D. THOMASSET, Propriétaire et Directeur

AMÉLIE-LES-BAINS

HOTEL MARTINET

A une minute des Thermes

Vue magnifique sur le Parc et la montagne. — Ancienne réputation. — Prix : 6 fr. par jour ; pension 5 fr. 50. — *Éclairage électrique.*

MARTINET

ANNECY

GRAND HOTEL D'ANGLETERRE

Maison de premier ordre — Poste et télégraphe dans l'hôtel

Gorges du Fier

Station de Lovagny

Chemin de fer d'Aix-les-Bains à Annecy

Succursales : Chalet-Restaurant à l'entrée des gorges du Fier et Restaurant à bord du bateau-express : *le Mont-Blanc.*

ANNECY

GRAND HOTEL DU MONT-BLANC

DE PREMIER ORDRE

Entièrement neuf et à proximité du lac. — *Médaille du T. C. F.* — Garage pour autos. — Pension depuis 8 fr.

A. MICHAUD, Propriétaire

BEAULIEU-SUR-MER

EMPRESS-HOTEL

Superbe situation, dominant la baie et le cap Ferrat. — Plein midi. — Grand confort moderne. — Jardin. — Restaurant. — *Ascenseur*. — Cuisine très soignée. — **Prix modérés**. — En été : *Grand Hôtel Royal et de Saussure*, Chamonix. — E. EXNER, Propriétaire.

BEAULIEU-SUR-MER

HOTEL BEAU-RIVAGE

Situation très abritée. — Magnifique vue de mer. — Plein midi. — Jardin. — *Arrangements sanitaires*. — Service et cuisine très soignés. — Pension depuis 8 fr.

P. CARAVEU, Propriétaire

BEAULIEU

AGENCE GÉNÉRALE
E. KURZ

Ventes et achats de propriétés. — Location de villas et d'appartements. — Gérance d'immeubles.

Bureaux : Hôtel Bristol et en face de la gare

BEAULIEU

AGENCE INTERNATIONALE
BOVIS, Architecte-Directeur

Location de villas et d'appartements de choix. — Vente et achat de propriétés. — M. Bovis, éditeur de l'unique guide *avec plan* de Beaulieu et ses environs, l'expédiera gratuitement aux lecteurs des Guides Joanne.

BERCK-PLAGE

AGENCE DE LOCATION

PLACE DE L'ENTONNOIR

Ventes et achats de propriétés. — Grand choix de villas et de châlets à louer. — Renseignements exacts et gratuits.

LAFFILLÉ et GÉRARDIN, Directeurs

BIARRITZ

HOTEL DE FRANCE

Construction nouvelle. — Installation moderne. — Ascenseur. — Lumière électrique. — Calorifères. — Bains. — Téléphone. — Restaurant. — Tea-Room. — Billard. — Jardin. — Prix modérés. — Moderate charges. — Même propriétaire : Hôtel Saint-Étienne, à Bayonne.
Les clients peuvent prendre leurs repas soit à l'*Hôtel de France*, à Biarritz, soit à l'*Hôtel Saint-Étienne*, à Bayonne. — B. COMBES, Propre.

BIARRITZ

HOTEL BELLE-VUE

Boulevard de la Grande-Plage, à côté du *Casino municipal*, et à 5 minutes des Thermes salins. — Vue splendide sur la mer. — Grands et petits appartements. — Restaurant. — Table d'hôte. — Cuisine et cave recommandées. — Prix modérés.
VICTOR SASSISSOU, Propriétaire

BIARRITZ

HOTEL SAINT-JAMES

Restaurant, rue Gambetta, 15. — Situation centrale et vue sur la mer. — Appartements et chambres confortables. — Terrasse ombragée. — Cuisine faite par le propriétaire. — Déjeuner, 2 fr. 50. — Dîner, 3 fr., vin compris. — Pension depuis 7 fr. par jour.
L. BEAUXIS, Propriétaire

BIARRITZ

PENSION DE FAMILLE

VILLA SAINT-JACQUES, *avenue Saint-Dominique*
De construction récente. — Très confortable. — Hygiène parfaite. — Situation centrale. — Calorifère. — *Eau et gaz à tous les étages.* — Prix depuis 7 fr. par jour, tout compris, même le petit déjeuner du matin.
Docteur TOUSSAINT, Propriétaire-Directeur

BIARRITZ

HOTEL BRISTOL

Ancienne villa Piron. — Sur la plage, à côté du Casino municipal. — La plus belle vue de mer et à tous les étages. — Grand confortable. — Cuisine très soignée. — Pension, tout compris, même le vin et le petit déjeuner, depuis 8 fr., sauf août et septembre. — Lumière électrique. — Téléphone. — *English spoken.* — *Se habla español.* — CAMGRAND, nouveau Propriétaire.

BIARRITZ

HOTEL-CHATEAU DES FALAISES

Panorama unique et merveilleux sur l'Océan et les côtes d'Espagne. — Maison de premier ordre, située sur la falaise, entre la côte des Basques et le Port-Vieux. — Grands et petits appartements. — Chambres séparées. — Service par petites tables. — Confortable moderne. — Installation sanitaire. — Lumière électrique. — Bains. — *Téléphone.* — Arrangements pour familles — Prix modérés.
BERTHOUD, Propriétaire

BLOIS

Grand-Hôtel et Grand Hôtel de Blois

ENTIÈREMENT REMIS A NEUF

Premier ordre, au centre de la ville, près du château. — Réputation européenne. — Bains et douches. — Téléphone. — Garage pour autos. — Chambre noire. — *English spoken.*

Prix modérés. — *Omnibus à la gare.*

THIBAUDIER-GIGNON, Propriétaire.

BLOIS

GRAND HOTEL DU CHATEAU

Nouveaux agrandissements avec accès direct sur le château historique.

Salle de bains et douches. — Garage pour autos. — Téléphone. — Pension depuis 8 fr. 50. — Arrangements pour familles. — Voitures pour Chambord et les environs. — *Omnibus à la gare.*

LECOCQ, Propriétaire.

LA BOURBOULE

SOURCE CHOUSSY-PERRIÈRE

SAISON DU 25 MAI AU 1er OCTOBRE

TROIS ÉTABLISSEMENTS COMPLETS — CASINOS — GRAND PARC

Anémie, lymphatisme, maladies de la peau et des voies respiratoires, diabète, rhumatismes, fièvres intermittentes

Transportée, l'eau Choussy-Perrière se conserve indéfiniment.

Siège social : boulevard des Italiens, 4 (Envoi de notices franco)

LA BOURBOULE

GRAND HOTEL DES ILES BRITANNIQUES

Premier ordre, à l'angle de l'Établissement thermal. — 150 chambres et salons — Fumoirs. — Grand jardin et salle de récréation pour les enfants. — **Garage et fosse pour automobiles.** — Conditions spéciales en juin et en septembre. — *English spoken.* — *Se habla español.* — Téléphone. — Ascenseur. — Éclairage électrique.

C. DONNEAUD, Propriétaire

Villa des Iles Britanniques — Appartements pour familles

LA BOURBOULE

GRAND-HOTEL

DE TOUT PREMIER ORDRE

En face du Casino et près des Établissements thermaux. — *Lumière électrique.* — Ascenseur. — *English spoken.*

FERREYROLES aîné, Propriétaire

LA BOURBOULE

GRAND HOTEL DE L'ÉTABLISSEMENT

GRAND PREMIER ORDRE, EN FACE DU CASINO

Jardin. — Véranda. — Lumière électrique. — Téléphone. — *Ascenseur.* — Garage pour autos. — Restaurant à la carte. — Cuisine très soignée sous la direction du propriétaire.

E. CHEVALET, Propriétaire

LA BOURBOULE

GRAND HOTEL DE PARIS

PREMIER ORDRE

A proximité des Casinos et Établissements de bains. — *Ascenseur.* — Éclairage électrique. — Téléphone.

Mme LEQUIME, Propriétaire

CAUTERETS

GRAND HOTEL CONTINENTAL

Le plus confortable des Pyrénées.—Ascenseur.—Jardins anglais. — Splendides appartements.— Magnifiques salons de conversation. — Salle de billard. — Vaste salle de table d'hôte de 400 couverts. — Omnibus, voitures à la gare de Pierrefitte. — *On parle toutes les langues.* — Arrangements pour familles. — CH. DUCONTE.

GRAND HOTEL D'ANGLETERRE

OUVERT TOUTE L'ANNÉE

De tout premier ordre. — 350 chambres. — Situation unique. — Réputation universelle. — Grand restaurant Louis XV. — Garage et fosse pour autos. — *Lumière électrique.* — Ascenseur.

A. MEILLON, Propriétaire

GRAND HOTEL DU PARC

Premier ordre. — Dans le Parc. — Entièrement remis à neuf. — Grands et petits appartements. — Table d'hôte. — Restaurant. — Cuisine très recommandée. — Fumoir. — *Lumière électrique.* — Prix modérés. — Omnibus à la gare.

LÉON FERRÉ, Propriétaire, ex-Directeur de l'*Hôtel des Promenades*

HOTEL RÉGINA

Ancien Hôtel des Promenades, complètement transformé. — De premier ordre. — Seul situé sur la place des Œufs. — Restaurant. — Véranda. — Salle de bains. — Fumoir. — Billard. — Ascenseur. — *Lumière électrique.* — Omnibus à tous les trains.

Mme GUICHARD, anciennement à l'*Hôtel de France*, Propriétaire

HOTEL DE PARIS

Excellente maison très bien située. — Grand confortable. — Pension depuis 9 fr. — Arrangements pour familles. — *Se habla español.* — *English spoken.* — Omnibus à tous les trains.

BARTHÉ, Propriétaire

HOTEL DE LA PAIX

Place de la Mairie.—Situation la plus centrale, la plus rapprochée des Etablissements thermaux. — Vue magnifique des montagnes. — Lumière électrique dans toutes les chambres. — Grand confortable. — *Prix très modérés.* — *Omnibus à la gare.* — J. LARRIEU, Propriétaire.

Même maison : Hôtel de Strasbourg, à Tarbes

GRAND HOTEL DE L'UNIVERS

Ouvert du 1er mai à fin octobre. — Place St-Martin, près du Casino, des Thermes et du tramway de La Raillère.— 150 chambres et salons.— Table d'hôte et restaurants.— Grand confort moderne. — Eclairage électrique. — Arrangements pour familles depuis 8 fr. — *English spoken.* — *Se habla español.* — Omnibus à tous les trains. — A. CIER, Prop^re^.

CONTREXÉVILLE
DIURÉTIQUE, LAXATIVE, DIGESTIVE
à jeun
et aux repas
ABSOLUMENT INDIQUÉE
Régime des
GOUTTEUX
GRAVELEUX, ARTHRITIQUES
SOURCE DU PAVILLON

GRENOBLE

GRAND HOTEL MODERNE

INAUGURATION ÉTÉ 1902

Place GRENETTE

Place VICTOR-HUGO

Établissement de 1er ordre répondant à toutes les exigences du grand confort moderne. — **200 chambres et salons.** — Appartements indépendants pour familles. — Chambres Touring-Club. — Ascenseurs. — *Lumière électrique.* — Chauffage dans toutes les chambres. — Bains et douches. — **Tables d'hôte.** — **Restaurant de 1er ordre.**

PRIX MODÉRÉS

HAVRE (LE)

GRAND HOTEL DE NORMANDIE

Rue de Paris, 106 et 108. et rue Bazon, 71. — **DESCLOS**, ancien propriétaire. — **MOREAU**, gendre et successeur. — Hôtel de premier ordre. — Prix modérés. — **Eclairage électrique dans toutes les chambres.** — Admirablement situé au centre de la ville et des affaires, près des bateaux, du théâtre et du bureau du chemin de fer. — Appartements pour familles. — Salons de musique et de conversation. — **Table d'hôte** : déjeuner, 2 fr. 50; diner, 3 fr. 50. — Grand hall. — Restaurant. — Déjeuner et diner à la carte et à prix fixe. — Cuisine et cave renommées. — Spécialement recommandé pour sa bonne tenue. — Agrandissements considérables. — Organisation nouvelle. — Bien que l'**Hôtel de Normandie** soit à la hauteur des positions les plus élevées, il est aussi à la portée des fortunes modestes. — **Omnibus de l'hôtel à la gare**, à droite de la sortie. — **Téléphone 961.** — *Interprètes pour toutes les langues.*

HAVRE (LE)

HOTEL TORTONI

Place Gambetta

Absolument distinct et indépendant de la brasserie du même nom. — Premier ordre. — Salle de bains. — Chambre noire. — Téléphone n° 736. — Eclairage électrique. — Service par petites tables. — Journée depuis 10 fr.

MONT-DORE

HOTEL SARCIRON-RAINALDY

Anciennement Vve CHABAURY aîné

Le plus important de la station. — Réputation ancienne. — Cet hôtel, entièrement reconstruit suivant les meilleurs avis médicaux, offre tout le confort moderne, avec les meilleures conditions hygiéniques. — *Ascenseur.* — *Téléphone.* — Lumière électrique dans toutes les chambres. — CHALET DES PICS, maison d'air à 1 100 mètres d'altitude. — Chalets et villas pour familles. — Parc et lawn-tennis. — *English spoken.* —

Ecrire à M. SARCIRON-RAINALDY, Propriétaire-Directeur

MONT-DORE

NOUVEL HOTEL & GRAND HOTEL DE LA POSTE

Maisons de premier ordre situées en face de l'Etablissement. — Chalets, villas pour familles. — Parc. — Lawn-tennis. — Jeux divers. — Téléphone — Lumière électrique. — Ascenseur. — Lift.

P.-F. BRUN, Directeur — G. BELLON, Propriétaire

MONT-DORE

GRANDS HOTELS DE PARIS ET DU PARC

En face des Thermes et sur le parc. — Ascenseur. — Téléphone. — Lumière électrique dans toutes les chambres. — *Installation hygiénique.* — Villas dans le parc, chalets dans la montagne. — Lawn-tennis. — Garage pour bicyclettes et autos. — *English spoken.* — PRIX MODÉRÉS.

Léon CHABORY, Propriétaire, Membre du Touring-Club

MONT-DORE

INTERNATIONAL HOTEL

Premier ordre. — Le plus moderne comme installation hygiénique, construit en 1900 et entouré d'un parc de 8000 mètres.

Téléphone — Lumière électrique — Ascenseur

Garage et fosse pour autos

VEYSSEYRE Frères, Propriétaires-Directeurs

MONT-DORE

HOTEL RAMADE AINÉ

1er ORDRE — GRAND CONFORTABLE

Le plus près de l'Etablissement thermal. — Appartements hygiéniques. — Excellente cuisine. — Pension, vin compris, depuis 9 fr. — Arrangements pour familles avec enfants. — *Garage pour automobiles.* — Omnibus à tous les trains. — RAMADE aîné, Propriétaire.

MONT-DORE

GRAND HOTEL DU NORD

PRÈS DU PARC ET DES ÉTABLISSEMENTS

Appartements et chambres confortables pour familles et touristes. — Pension de 8 à 11 fr., suivant chambre. — Service soigné. — Omnibus à tous les trains.

J. CONSTANTIN, Propriétaire

NICE

HOTEL-PENSION SAINT-GEORGES

7, RUE DE LA PAIX

Entièrement remis à neuf. — Plein midi. — Situation très centrale. — Chambres et appartements très confortables. — Excellente cuisine de famille. — Pension depuis 8 fr. par jour, et arrangements pour séjour.

ARBET, Propriétaire

NICE

HOTEL DE CASTILLE SAINT-ANDRÉ

30, RUE MASSÉNA, 30

Pension depuis 7 fr. par jour, vin compris. — Entièrement remis à neuf. — Situation très centrale. — Plein midi. — Maison très recommandée pour son excellente cuisine bourgeoise. — Vins des propriétés de la maison. — Déjeuner, 2 fr. 50; dîner, 3 fr.

H. FOURNIER, Propriétaire

NICE

GRAND HOTEL BONFILS ET SAINT-LOUIS

Rue d'Angleterre, 37, et rue de Belgique, 6

A 100 mètres de la gare du P.-L.-M. — *Plein midi.* — Chambres confortables. — Restaurant système Duval. — Déjeuner, 2 fr. 50; dîner, 3 fr. — Pension depuis 7 fr., tout compris.

BONFILS, Propriétaire

NICE

HOTEL RICHELIEU

Rue Assalit, 30, *près de la gare*

Transport des bagages gratuit, aller et retour. — Plein midi. — Entièrement neuf. — Chambres et appartements confortables. — Bains. — Cuisine très soignée faite par le propriétaire. — *Pension depuis 7 fr.* — Faculté de prendre ou non ses repas à l'hôtel. — Chambres depuis 2 fr. 50. — En été : *Grand Hôtel de l'Etablissement thermal, à GRÉOUX* (B.-A.). — PICHE, Propriétaire.

NICE

Ch. JOUGLA

ADMINISTRATEUR D'IMMEUBLES, RUE GIOFFRÉDO, 55 (Place Masséna)

LOCATION DE VILLAS ET D'APPARTEMENTS d'ordre exceptionnel. — Propriétés à vendre à Nice et sur le littoral. — Renseignements précis et gratuits aux lecteurs des « Guides Joanne ». — LA PLUS ANCIENNE AGENCE ET LA MIEUX RÉPUTÉE. — *Adresse télégraphique :* JOUGLA-NICE.

NICE

AGENCE COSMOPOLITE

17, rue de l'Hôtel-des-Postes, 17

MAISON SPÉCIALE POUR LA LOCATION

DE VILLAS ET D'APPARTEMENTS

Ventes d'immeubles et d'hôtels

PAU

HOTEL DU BOULEVARD

Rue Porteneuve, 25 et 27, près du Palais d'hiver, dans le plus beau quartier. — Plein midi. — Appartements et chambres confortables avec balcons. — Jardin. — Lumière électrique. — Téléphone. — Bains. — Pension depuis 7 fr. — Saison d'été, à *Cauterets* : CHALET DU BOULEVARD, boulevard Latapie-Flurin. — Mme Vve BRUN, Propriétaire.

PAU

L.-O. SARRADET

12, rue Taylor, 12

La plus ancienne agence de locations de villas et d'appartements — Vente d'immeubles et de propriétés. — Fondée en 1847. — Renseignements prompts et précis. — Répertoires complets.

PAU

CENTRAL OFFICE

BOURDILA, Directeur — rue Saint-Louis, 3

Membre fondateur du Syndicat des hommes d'affaires de France

Villas et appartements à louer. — Propriétés et immeubles à vendre. — Agence de location la plus centrale et la plus avantageusement connue. — Renseignements exacts et gratuits. — Télégr. : BOURDILA-PAU.

PAU

AGENCE PYRÉNÉENNE

PLACE DE LA HALLE, 6, près de la Préfecture

Location d'appartements et de villas meublés ou non meublés à Pau et dans la région pyrénéenne. — Vente et achat d'immeubles de toute nature. — Liste et renseignements gratuits. — P. BARRÈRE.

PAU

AGENCE IMMOBILIÈRE

J. AUBERT, Directeur — rue Adoue, 6

Location de villas et d'appartements (Liste complète). — Vente d'immeubles. — Renseignements gratuits.

Adresse télégraphique : AUBÉRADOUE-PAU

Téléphone

PÉRIGUEUX

GRAND HOTEL DE FRANCE

House of first order, newly decorated, very confortable. — The best and most central situation. — Private rooms and apartments for families. — Truffled pies. — Preserved truffles. — *Expedition to foreign countries.*

Maison de premier ordre. — Très confortable. — Situation centrale. — Pâtés de volailles truffés du Périgord. — Truffes conservées. — Expéditions à l'étranger. — *Omnibus à tous les trains.*

Ancienne maison BUIS, Albert LAPORTE, gendre et successeur

PLAGE DE **ROYAN** (CHARENTE-INFÉRIEURE)

GRAND HOTEL DE PARIS

Maison de premier ordre. Bien situé, façade du port, avec vue sur les Bains et la mer. — Annexe ayant vue sur le parc du Casino. — Rendez-vous de la bonne société. — Appartements confortables pour familles. — **Restaurant à la carte.** — Jardin. — **Table d'hôte.** — Arrangements pour les familles. — Omnibus à tous les trains. — *Changement de Propriétaire.*

ROYAN

GRAND HOTEL DE BORDEAUX

Ouvert du 1er mars au 1er novembre — Magnifique vue de mer
Jardin

GRAND HOTEL DE L'EUROPE

A PONTAILLAC

Situation merveilleuse sur la mer, avec jardin de 6000 mètres
Les deux hôtels sont de tout premier ordre et sous la même direction.

ROYAN

LE GRAND-HOTEL

Au Parc. — Le seul donnant sur la Grande Plage. — Agrandissement considérable : 150 chambres. — Salle de bains. — Magnifique terrasse sur la mer. — Grand jardin dans les Pins — Appartements pour familles. — Maison de premier ordre. — Ouvert du 1er mars au 1er novembre. — ***English spoken. — Se habla español. — Omnibus de l'hôtel à tous les trains. — Téléphone. — Garage pour automobiles.***

ROYAN

HOTEL D'ORLÉANS

Façade du port, boulevard Thiers

Ouvert toute l'année. - Grand restaurant avec salles d'été et d'hiver. — Arrangements pour familles. - Prix modérés. — ***Garage pour automobiles.*** **— Chambre noire pour photographie. — A. DEJEAN, Propriétaire.**

ROYAN

FAMILY-HOTEL

Premier ordre. — Agrandissement considérable — Installation moderne. — En face de la Grande Plage, à l'entrée du Parc. — La plus belle situation de Royan. — Très recommandé pour le confortable de ses chambres et sa ***cuisine très soignée.***

Pension depuis 8 francs par jour, excepté le mois d'août, petit déjeuner, vin, service, tout compris. — Prix spéciaux et très modérés pour l'hiver. — Vve PINSON, Propre.

ROYAN

ROYAL HOTEL

BOULEVARD THIERS, EN FACE DE LA MER

Ouvert du 1er avril au 15 octobre. — Installation moderne. — Garage d'automobiles. — Electricité. — Téléphone. — ***Prix modérés.***

Mme BAULEY, Directrice

V. SUPPLÉMENT

Spécialités pharmaceutiques.

Chocolat Menier.

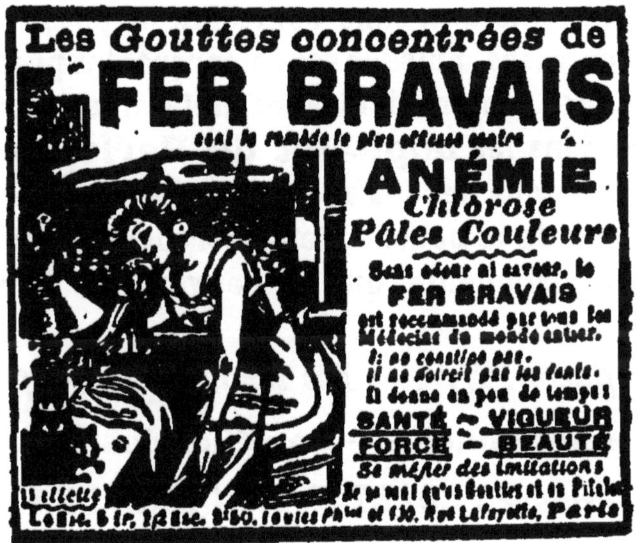

Un Siècle de bonne Clientèle !
Contre la CONSTIPATION
et ses Conséquences :
Manque d'Appétit, Migraine,
Embarras gastrique, etc.
DEMANDER les VÉRITABLES
Étiquette ci-j[te] en *4 couleurs*
et le NOM du Dr FRANCK
s/ les boîtes bleues (fac-similé ci-cont.)
1f50 1/2 B[te] (50 grains); 3f la B[te] (105 gr.)
C'est le Remède le meilleur, le
plus commode et le moins cher.
Notice dans chaque Boîte.
TOUTES PHARMACIES

R.F.

www.ingramcontent.com/pod-product-compliance
Ingram Content Group UK Ltd.
Pitfield, Milton Keynes, MK11 3LW, UK
UKHW020214250726
13967UKWH00003B/1468

9 782012 932586